高位布置超超临界机组
调试关键技术

李路江　主　编
唐广通　汪潮洋　副主编

中国电力出版社
CHINA ELECTRIC POWER PRESS

内 容 提 要

　　本书以国能锦界能源有限责任公司三期工程为例介绍高位布置超超临界机组调试的关键技术。采用高位布置技术的机组具有主管材用量低、煤耗低、调节性能高等优点，可为 700℃超超临界机组的发展和应用提供崭新途径。全书共分三章，分别介绍高位布置机组调试主要技术特点、高位布置机组分系统调试技术方案、高位布置机组整套启动调试技术方案。

　　本书可供从事火力发电厂调试工作的工程技术人员，管理人员参考，也可供设计、制造、教学、科研等单位的有关人员参考。

图书在版编目（CIP）数据

　　高位布置超超临界机组调试关键技术 / 李路江主编. —北京：中国电力出版社，2023.7
　　ISBN 978-7-5198-7729-3

　　Ⅰ . ①高… 　Ⅱ . ①李… 　Ⅲ . ①超临界机组–调试 　Ⅳ . ①TM621.3

　　中国国家版本馆 CIP 数据核字（2023）第 061572 号

出版发行：中国电力出版社
地　　址：北京市东城区北京站西街 19 号（邮政编码 100005）
网　　址：http://www.cepp.sgcc.com.cn
责任编辑：陈　倩（010-63412512）
责任校对：黄　蓓　马　宁
装帧设计：张俊霞
责任印制：石　雷

印　　刷：廊坊市文峰档案印务有限公司
版　　次：2023 年 7 月第一版
印　　次：2023 年 7 月北京第一次印刷
开　　本：710 毫米×1000 毫米　16 开本
印　　张：12.25
字　　数：183 千字
定　　价：68.00 元

编　委　会

前　言

　　机组调试工作是火电工程建设的最后阶段，是全面检验主机及其配套系统的设备制造、设计、施工等的重要环节，调试质量直接影响整个工程的投产质量，对机组投产后能否长周期安全稳定经济运行起着关键作用。随着机组容量的不断增大，以及新设备、新材料、新工艺、新技术的广泛采用，各发电企业对调试工作的质量要求越来越高。

　　陕西国华锦界电厂三期扩建项目是国家大气污染防治计划重点建设项目，同时也是国家"西电东送"重要示范项目。项目实施应用了整体框架弹簧隔振汽轮发电机机座等绿色环保、智能智慧技术，汽轮发电机组安装在 65m 的高位布置技术属世界首创，为我国进一步发展 700℃超超临界燃煤发电技术、推动能源技术革命发挥了积极引领作用，对落实"双碳"目标，构建国内大循环、国内国际双循环的能源新发展格局具有重要意义。

　　汽轮机高位布置方案技术为机组调试带来新的问题，本书以该工程为例，详细介绍全高位布置机组的关键调试技术。通过对机组系统调试的深度策划，确保机组安全稳定经济投产。为了能更深入开展调试工作，全面提升调试品质，调试人员从 2019 年 8 月进入工程现场，广泛收集资料，结合超超临界机组的调试经验，对以后运行中可能会遇到的特殊问题进行深入分析，提前研究超超临界全高位布置机组调试关键技术，全面开展调试前期综合优化，优化调试程序，细化调试项目，并积极开展深度调试技术方案工作。调试单位共编制了包含化学清洗、蒸汽稳压吹管、整套启动等关键环节，以及高位布置汽轮机启动、直接空冷调试优化、燃烧调整、APS 一键启停、提高机组经济运行水平等关键技术深度调试技术方案。

在本书的编写过程中，编者多次组织相关专业人员审核修订本书内容，保证了该书的科学性、适用性及权威性。

受编者学识所限，书中难免有不足之处，敬请广大读者批评指正。

编　者

2023 年 3 月

目　录

第一章

高位布置机组调试主要技术特点

陕西国华锦界煤电一体化项目是国家"西电东送"示范项目,三期扩建工程建设 2×660MW 国产高效超超临界燃煤空冷发电机组,用水为锦界煤矿处理后的疏干水。三期工程采用了多项节能、环保创新技术,其中汽轮机高位布置技术创新属世界首例工程应用,环保排放远优于国家现行超低排放标准,实现烟尘 1mg/Nm³、二氧化硫 10mg/Nm³、氮氧化物 20mg/Nm³ 的超低排放。

第一节 主要设备和系统概况

一、锅炉本体及辅机系统

锅炉为超超临界、变压运行、单炉膛、一次中间再热、平衡通风、紧身封闭、固态排渣、全钢构架、全悬吊结构、Ⅱ型布置燃煤直流炉,采用双层等离子点火,设置邻机蒸汽加热启动系统,不设置燃油系统。

制粉系统为中速磨煤机冷一次风机正压直吹式制粉系统,每台炉配 6 台中速液压磨煤机,采用电子称重式给煤机,磨煤机配动态分离器;采用四角切圆布置直流燃烧器,每台磨煤机出口配置 4 根送粉管,2 台 100% 容量密封风机一运一备。

采用四分仓空气预热器,空气预热器出口烟道上设置烟气冷却器,采用热媒水闭式循环系统,设有辅助加热器(蒸汽)和膨胀水箱,将烟气温度由

115℃降低至90℃，在湿式电除尘器出口烟道上设烟气再热器，消除烟囱出口（白烟）视觉污染现象。

锅炉启动系统不设置启动循环泵，在启动和低负荷运行时，汽水经分离器分离，蒸汽进入过热器，水进入储水罐，锅炉启动疏水经液位调节阀和疏水扩容器扩容后送入凝结水箱或直接排放，锅炉在35%BMCR负荷左右切换到直流运行状态。锅炉主要参数如表1-1所示。

表1-1　　　　　　　　锅 炉 主 要 参 数

序号	名称	BMCR 工况	BRL 工况
1	锅炉最大连续蒸发量（t/h）	2060	1899
2	过热蒸汽出口压力（MPa）	29.3	27.13
3	过热蒸汽出口温度（℃）	605	605
4	再热蒸汽流量（t/h）	1664	1540
5	再热蒸汽进口压力（MPa）	6.17	5.70
6	再热蒸汽出口压力（MPa）	5.98	5.52
7	再热蒸汽进口温度（℃）	363	363
8	再热蒸汽出口温度（℃）	623	623
9	给水温度（℃）	310	305
10	锅炉保证热效率（按低位发热量、设计煤种、BRL 工况）（%）		94.8

二、汽轮机及其附属系统

汽轮机为超超临界、一次中间再热、单轴、全周进汽、直接空冷凝汽式汽轮机，设九级抽汽，未设补汽阀，可采用主汽调阀预节流、凝结水变流量和回热系统变抽汽量等方式，实现机组参与电网快速一次调频。

汽轮机采用高位布置方式，汽机运转层位于主厂房65m层。两根主蒸汽管道从过热器出口集箱接出后，分别在高压缸左右侧接入高压联合汽门。再热冷段管道由高压缸排汽口以双管接出，合并成单管后直至锅炉前分为两路进入再热器入口联箱。再热热段管道从再热器出口集箱以双管接出，分别接入汽轮机左右侧中压联合汽门。

主机冷却方式采用机械通风直接空冷系统，设计背压10.5kPa，其中夏季工况设计背压 28kPa。每台汽轮机配置 64 个空冷凝汽器冷却单元，共分 8 组，每组 8 个单元，其中 6 个为顺流空冷凝汽器，2 个逆流空冷凝汽器。

汽轮机旁路系统采用高、低压串联旁路，旁路容量为 40%。汽轮机九级抽汽中八级为非调整抽汽，1 段抽汽上设置调节阀供 1 号高压加热器，2～4 段抽汽分别供给 2～4 号高压加热器，4 号高压加热器设前置蒸汽冷却器，5 段抽汽供给除氧器，并作为给水泵汽轮机正常运行汽源及辅助蒸汽系统汽源，6～9 段抽汽分别供四台低压加热器。各高压加热器及低压加热器疏水采用逐级自流的方式分别进入除氧器及凝结水箱，同时设有事故疏水措施，以防止加热器水位过高，保护汽轮机不发生进水事故。

每台机组设一台 0.8～1.6MPa（a）的辅汽联箱，两台机组的辅汽联箱通过母管连接，正常汽源、备用汽源、启动汽源分别来自汽机五段抽汽、高压缸排汽（即三段抽汽）和一、二期工程来汽。

凝结水系统配 2×100% 容量卧式凝结水泵，配置 2 套变频调速装置。凝结水分别经过凝结水泵、凝结水精处理装置、轴封冷却器、4 台低压加热器进入除氧器。通过凝结水泵变频调节控制除氧器水位，设置除氧器水位调节阀，作为启动期间、低负荷或凝结水泵变频器故障时调节水位。

机组真空系统配置两台 100% 水环式机械真空泵，用于机组启动快速抽真空；各配一台蒸汽喷射器及小容量真空泵，用于正常运行时维持真空，降低运行厂用电率。主机排汽管道上接有真空破坏阀，在机组出现紧急故障时，达到快速破坏真空的目的。

辅机冷却水系统采用机械通风干式冷却方式，设置 2×100% 容量辅机冷却水泵，水质为除盐水。汽轮机主要参数如表 1－2 所示。

表 1－2　　　　　　　　汽 轮 机 主 要 参 数

序号	项目	数值
1	汽轮机型号	N660－28/600/620
2	额定（THA 工况）出力（MW）	660
3	额定主蒸汽压力 [MPa（a）]	28
4	额定主蒸汽温度（℃）	600
5	额定高压缸排汽口压力 [MPa（a）]	5.838

续表

序号	项目	数值
6	额定高压缸排汽口温度（℃）	352.7
7	额定再热蒸汽进口压力［MPa（a）］	5.371
8	额定再热蒸汽进口温度（℃）	620
9	主蒸汽额定进汽量（t/h）	1897.13
10	再热蒸汽额定进汽量（t/h）	1520.98
11	额定排汽压力［MPa（a）］	0.0105
12	额定给水温度（夏季工况）（℃）	307.8
13	低压末级叶片长度/排汽面积（mm/m²）	1100mm/10.29
14	配汽方式	全周进汽
15	THA 工况热耗率（kJ/kWh）	7542.8
16	给水回热级数（高压加热器＋除氧器＋低压加热器）（级）	九（四高＋除氧器＋四低）

三、发电机及电气系统

发电机为哈尔滨电机厂有限责任公司制造三相、全封闭、同步发电机，采用水氢氢冷却方式及自并励静止励磁系统。

发电机主要参数如表 1-3 所示。

表 1-3 　　　　　　　发 电 机 主 要 参 数

序号	发电机技术参数	数值
1	发电机型号	QFSN－660－2
2	额定容量 S_N（MVA）	733.3
3	额定功率 P_N（MW）	660
4	额定电压（kV）	20
5	额定电流（kA）	21.17
6	功率因数	0.9
7	额定转速（r/min）	3000
8	额定频率（Hz）	50
9	效率（%）	99.02
10	定子质量（t）	290
11	转子质量（t）	66.5
12	冷却方式	水氢氢
13	励磁方式	自并励静止励磁

四、化学水系统

陕西国华锦界电厂三期扩建项目（简称锦界电厂三期项目）水源采用锦界煤矿疏干水作为全厂工业用水水源，瑶镇水库水作为生活用水。根据机组的水汽质量标准，结合工程的水质情况，锅炉补给水工艺流程如下：

矿井处理后的疏干水→PCF 过滤器→超滤保安过滤器→超滤装置→超滤水箱→清水泵→反渗透精密过滤器→高压泵→反渗透装置→淡水箱→淡水泵→逆流再生阳离子交换器→除二氧化碳器→除碳水箱→除碳水泵→逆流再生阴离子交换器→混合离子交换器→除盐水箱→除盐水泵→主厂房凝结水储水箱。

凝结水精处理采用中压系统，配置 3×50%前置除铁过滤器加 3×50%高速混床，混床按氢型混床设计，2 台机合用 1 套再生系统。在前置过滤器系统和高速混床系统各设置 1 个小旁路，旁路门采用电动蝶阀，取消凝结水精处理系统大旁路。混床树脂失效后采用锥斗法再生技术，再生系统的功能需满足混床在运行时的树脂分离、清洗、再生及树脂贮存的全部要求。中压除盐系统和低压再生系统之间装有带筛网的压力安全阀，筛网可以泄放压力而不让树脂漏过；并装有自动隔离阀，避免高压系统阀门泄漏出现流体进入低压再生系统及冲反洗水系统。凝结水精处理装置在主凝结水系统流程如下：

凝结水箱→凝结水泵→凝结水精处理装置→轴封冷却器→低压加热器→除氧器。

五、热工控制系统

集中控制室设置全厂控制中心，采用八机一控炉、机、电、网、辅集中的控制方式，各控制系统的操作员站均布置在集中控制室。

DCS 及 DEH 系统均由杭州和利时自动化有限公司设计，DCS 按照工艺过程的划分进行组态，并遵从控制、联锁、保护功能尽可能分散的原则，其功能包括自启停系统（APS）、数据采集系统（DAS）、模拟量控制系统（MCS）、顺序控制系统（SCS）、炉膛安全监控系统（FSSS）、旁路控制系统（BPC）。两台单元机组的控制分别由两套 DCS 实现，公用系统（厂用电公用系统、空压机、电动给水泵、脱硫公用）的控制由 DCS 公用系统实现，公用系统布置在 5 号汽机电子间。

辅助车间控制系统采用 1 套独立的 DCS（辅控 DCS，布置在集控楼），监控范围包括锅炉补给水处理系统、凝结水精处理系统、汽水取样和化学加药系统、生活污水处理系统、除灰系统、废水处理系统、空调采暖系统等。

机组设置独立的机组 DCS 的硬接线后备手段，用于 DCS 发生全局性或重大故障时确保机组安全停运。

自启停功能（APS）启动过程从纳入主机 DCS 控制的辅助系统开始至机组并网升负荷直至投入 CCS 方式，停止过程从机组当前负荷开始减负荷至投汽机盘车及风烟系统停运。功能组具有暂停和恢复功能，可按需选择执行步序。APS 对 MCS 的接口设计可实现自动投自动并自动设定定值、不同调节方式和调节回路的切换、特殊工况下可以实现超驰控制。

另外设置锅炉火焰工业电视、锅炉炉管泄漏监测系统、汽机的振动监测和故障诊断系统、培训仿真机等。

第二节 高位布置机组的特点及意义

一、超超临界机组的常规布置

现有的一次再热超超临界机组多为常规布置方式，即汽轮机和发电机布置在运转层约 12～14m 的汽轮机房内运转平台上，锅炉总体形式以 π 式结构居多，高温过热器、再热器多布置在炉膛出口的水平烟道。图 1-1 为常规布置的示意图。

由图 1-1 可见，汽轮机组单轴布置在低位平台上，锅炉顶部分别是过热器和再热器。主蒸汽管道连接锅炉的过热器和汽轮机高压缸进口，长度为 155～175m；再热冷段管道连接高压缸出口和锅炉的再热器进口，长度为 170～190m；再热热段管道连接再热器出口和中压缸的进口，长度为 170～190m。根据不同的管道设计方案，主蒸汽管道和再热蒸汽管道还存在半容量管道和四分之一容量管道。

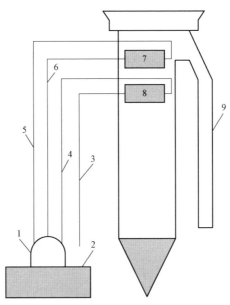

图 1-1　超超临界机组常规布置示意图

1—汽轮机本体；2—低位平台；3—主给水管道；4—主蒸汽管道；
5—再热热段管道；6—再热冷段管道；7—再热器；8—过热器；9—烟道

超超临界火电技术蒸汽的超高温度和压力对材料提出了特别要求，其中主蒸汽管道、再热热段管道需要使用 600～700℃等级的耐高温合金钢，发电机组的造价也相应增加。一方面，对电厂的四大管道系统而言，目前 600～700℃等级的大直径及厚壁管道价格相当昂贵；另一方面，由于相当数量的锅炉炉型采用塔式炉，主蒸汽管道和再热蒸汽管道的长度增加，管道的系统阻力增大，降低了蒸汽做功能力。

当前常规布置方式主要的缺点表现在以下方面：

（1）再热蒸汽在锅炉和汽轮机机房之间来回穿梭，单根蒸汽管道的平均长度就达 155～190m，由于 600～700℃等级的大直径及厚壁管道价格相当昂贵，增加了机组的造价。

（2）蒸汽管道平均长度在 155～190m，过长的管道导致蒸汽在传送的过程中蒸汽温度、压力降低，降低了蒸汽的做功能力。

（3）过长的主、再热管道增加了系统储存的蒸汽量，机组的调节惯性显著增加，增大了机组的控制难度。

如何降低机组造价和进一步提高效率成为需要研究和考虑的问题。

二、超超临界机组的高位布置

为了解决常规布置存在的问题，陕西国华锦界三期扩建项目采用了一种汽轮发电机高位布置方案，如图1-2所示。该方案的特点是：汽轮机组的高压缸、中压缸、低压缸和发电机由同一轴系连接，整体布置在升高的工作平台上。该平台高度达到了65m，使得汽轮机组临近塔式锅炉外侧联箱的连接区处，其他辅机设备等根据具体需要布置在不同的高度上，详细情况见表1-4。

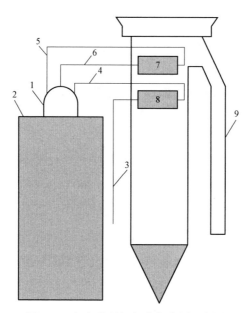

图1-2　超超临界机组高位布置示意图

1—汽轮机本体；2—高位平台；3—主给水管道；4—主蒸汽管道；

5—再热热段管道；6—再热冷段管道；7—再热器；8—过热器；9—烟道

表1-4　　　　　　　　　　汽机房设备空间布置情况

层号	层高（m）	布置
8	65	汽轮机组、膨胀水箱、氢冷器
7	43	汽泵、高压旁路、低压旁路、轴封冷却器、主油箱、主机冷油器、EH油站、油净化装置、顶轴油泵、蒸发冷却器、中性点柜、励磁小间、发电机定子冷却水、密封油
6	35.3	高压给水调阀、1~3号高压加热器、4号蒸汽冷却器、6/7号低压加热器
5	27	4号高压加热器、除氧器、小机油箱、智能换热机组

续表

层号	层高（m）	布置
4	20.5	闭冷泵、事故疏扩、本体疏扩、汽机工程师站
3	13.7	凝结水箱、热网循环泵、空调机房
2	6.9	真空泵、补水箱、凝泵变频柜
1	0	闭冷泵、汽泵前置泵、电泵、凝泵、凝补泵、凝输泵、精处理

由表1-4可见，与常规的布置方式比较，高位布置方式下，除了汽轮发电机组外，其他辅机设备的布置高度也明显增加，辅机设备与汽轮机组本体、辅机设备之间的距离也明显增加。

由图1-2可见，汽轮机组单轴布置在高位平台上，主蒸汽管道连接锅炉的过热器和汽轮机高压缸进口，长度相较常规布置方式大大缩短；再热冷段管道连接高压缸出口和锅炉的再热器进口，长度相较常规布置方式大大缩短；再热热段管道连接再热器出口和中压缸的进口，长度相较常规布置方式大大缩短。高位布置方式下汽轮机组四大管道长度均大大缩短，抽汽管道长度增加，低压缸排汽装置也取消了，低压缸排汽至空冷岛的管道长度也大大缩短了。

三、高位布置的优势及意义

1. 高位布置的技术优势

随着汽轮发电机组初参数的提高，高温蒸汽管道系统的造价越来越高，其投资所占比重也随之上升。此外，直接空冷汽轮发电机组在我国北方地区得到了广泛应用。国家专利《一种直接空冷汽轮发电机组系统》（专利号：ZL 2011 2 0170471.9）提出了将汽轮发电机组高位布置于除氧间和煤仓间上部的方案，该方案不仅可以显著减少高温和排汽管道长度，降低工程造价，还可降低高温蒸汽管道压损和机组背压，提高机组热效率。具有如下技术优势：

（1）减少四大管道和排汽管道长度，降低初始投资。四大管道总计减少长度约260m，其中，主蒸汽管道减少144m；再热热段蒸汽管道减少44m；再热冷段蒸汽管道减少74m。

（2）减小主蒸汽、再热蒸汽管道阻力，机组煤耗减少约0.79g/kWh。

（3）改善空冷入口流体特性，减小排汽管道阻力，降低汽轮机背压，机组煤耗减少约 0.212g/kWh。

（4）减少四大管道长度，可减少蒸汽在传输过程中的热量散失。

（5）减少蒸汽在管道中的储存量，提高了汽轮发电机组的调节性能。

2. 高位布置的意义

锦界三期扩建工程汽轮发电机组高位布置方案是火力发电厂布置方案的重大创新，必将引领电力行业创新发展，推进行业技术进步，并为后续更高参数火电机组的发展创造条件。

（1）属世界首例工程应用，有效突破技术瓶颈，成功实践将推动行业技术进步，为陕西国华锦界电厂四期、五期 2×1000MW＋1×1000MW（650℃）高效超超临界机组及后续建设项目采用更高参数机组的煤电创新技术发展奠定坚实基础。

（2）引领行业创新发展，为高效、高参数火电机组发展创造条件。根据美、日、欧制定的高效超超临界发电机组发展计划，主蒸汽温度将提高到 700～760℃，再热蒸汽温度达到 720℃，相应的压力从目前 30MPa 左右提高到 35～40MPa。按照当前的市场价格，700℃等级的耐热镍基合金的价格是 600℃等级的 5～6 倍，成为超超临界发电机组下一步发展的主要技术瓶颈。大幅减少四大管道和排汽管道长度，降低初投资；有效提高机组效率，降低煤耗，具有可观的经济效益。

第三节　高位布置汽轮发电机组调试主要技术难点

一、高位布置机组振动问题

1. 汽轮机高位布置厂房刚度变化

汽轮机厂房布置在 65m 高处，钢架结构刚度受外界温度变化和安装的影响较大，造成其刚度变化较大，当厂房局部区域刚度较低，其固有频率接近汽轮机运行频率时，将引发结构共振，造成该区域振动大。如果该区域在汽轮机附近时，有可能造成汽轮机基础刚度左右不对称，在汽轮机运行时，轴瓦将产生较大的二倍频振动，影响机组安全运行。

高耸的厂房在较大的风载荷和地震载荷下，可能存在刚度不足的问题，使运行平台产生较大水平位移。主、再热汽管道从锅炉到汽轮机管系较短、较硬，在管道膨胀和厂房位移的共同作用下，汽轮机本体可能受到大的作用力，影响机组正常膨胀，造成汽缸跑偏，改变各轴承的载荷分配、甚至造成联轴器对轮错位，引起汽轮机振动恶化。

2. 汽轮机基础弹性支撑

汽轮机采用弹性基础，基础的横向刚度较差，虽然滑销系统采用中心梁结构，增加轴承箱及台板的刚度、轴承箱底部增加铸铁滑块等措施，增加了滑销系统及台板的刚度，减小了滑销系统的摩擦阻力，但是在巨大的管道应力的作用下，其横向刚度仍然不足。

汽轮机主排汽管道和抽汽管道管径大、管道短且要求的轴向和横向补偿量大。虽然采用 U 型布置方案，设置有曲管压力平衡型补偿器，排汽管道支撑采用弹性支撑等补偿措施，在机组带负荷过程中，随着负荷的变化，排汽和抽汽管道可能无法完全消除因管道膨胀造成的位移。管道膨胀产生的位移将对汽轮机产生巨大的横向和纵向应力，造成汽缸跑偏，汽缸与转子发生动静碰磨、同时改变各轴承的载荷分配，诱发汽流激振或轴承油膜涡动，使汽轮机振动恶化。

二、高位布置机组甩负荷问题

根据高位布置机房的布置特点，与汽轮机直接连接的抽汽管道长度远超过常规布置的机组，相应的管道蒸汽容积大幅度增加，在机组甩负荷试验时大量蒸汽会倒流到汽轮机，使得汽轮机转速飞升偏高及在高转速区间维持时间较长，为保证机组安全及甩负荷试验的顺利进行，有必要提早、深入研究高位布置机房对机组甩负荷试验的影响，并及早采取措施。

考虑到本工程每台机组单汽泵设计及电泵扬程低只做启动泵使用的特点，需要考虑机组甩100%负荷后，锅炉给水方式及汽泵给水能力不足问题，避免发生由于甩负荷试验导致锅炉给水中断或不足等引发其他事故。

三、高位布置机组冷却水压力问题

高位布置机组冷却水用户分布在机侧及炉侧不同标高，冷却水最高用户为发电机氢冷器，低层用户为0m各冷却水用户，高位布置造成的标高差，使不同标高冷却水压力偏差较大，高层用户容易出现冷却水压力不足问题，低层用户容易出现冷却水超压问题。图1－3为设计辅机冷却水系统示意图。

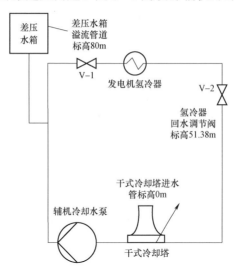

图1－3　辅机冷却水系统示意图

以辅机冷却系统纯静压工况为例，系统注水完成，辅机循环水泵未运行状态下，干式冷却塔三角形冷却单元管道承受静压约为0.8MPa，已经达到干式冷却塔三角形冷却单元的设计压力，考虑到系统启、停及异常工况的压力冲击，系统干式冷却塔三角形冷却单元存在超压风险。

系统稳定运行状态下，氢冷器出水调节阀后管道可能产生负压，严重时会辅机冷却水产生汽化或真空管段，对管道和系统造成冲击和振动，系统压力、流量、电流波动等问题，危及系统及设备安全。

系统运行工况变化时，可能造成较长真空管段，引起系统水量变化，最终会导致差压水箱的水位波动，可能造成差压水箱溢流或水位下降导致辅机冷却水泵运行异常。

由于差压水箱出水管道补水至辅机冷却水泵出口母管侧，限制了泵的出口压力，对于高位布置的辅机冷却水用户其入口压力最高为差压水箱水位与辅机冷却水用户换热器入口高差，可能会产生冷却水进水压力不足问题。

四、高位布置对空冷系统的影响

1. 系统布置影响

高位布置机组设计小汽轮机直排空冷岛，取消了传统空冷机组小汽机凝汽器，排汽管道及凝结水布置均不同于常规空冷机组，非常规设计没有经过机组试运及长期运行的考验。

2. 空冷凝汽器运行特性变化

高位布置空冷机组机房及空冷凝汽器的相对标高发生显著变化，从而使空冷凝汽器的运行特性发生变化，尤其是对环境风向及风速的响应特性，研究资料显示，风速由3m/s提高到9m/s时，空冷凝汽器换热量下降超过15%。同时，当风向由最有利（如图1-4中显示）转为最不利时，空冷凝汽器换热量至少下降 10%。空冷凝汽器换热量的下降会造成机组背压明显升高甚至保护动作。因此需要进一步分析高位布置机组空冷凝汽器运行特性。

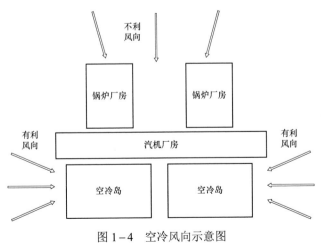

图1-4 空冷风向示意图

五、小汽轮机设计相关问题

陕西国华锦界电厂三期扩建工程小汽轮机采用单列直排空冷给水泵汽轮机，未设计高压汽源，电动给水泵为两台机公用，且电泵受限于流量及扬程只能作为启动泵使用。此设计简化了热力系统，但为机组调试及启动运行带来了新问题：

（1）对汽泵运行可靠性提出更高要求。任何汽泵本体及附属系统的故障机及保护误动都可能造成机组停机，应采取相关措施提高给水泵系统的运行可靠性。

（2）对稳压吹管提出新的要求。机组稳压吹管过程，为满足稳压吹管流量要求，需要投运汽动给水泵，空冷系统应具备热态冲洗条件；另外冬季吹管时，应充分考虑到空冷岛最小防冻流量的要求。

（3）对机组的给水及协调控制水平提出了更高的要求。小机直排主机空冷系统会造成主机背压波动直接影响小机出力，从而影响机组给水流量，机组背压升高，小机及汽泵出力会下降，机组给水流量减小，而主机背压增加时其他条件不变下，机组发电量减小，如要保持机组发电量不变需要增加主蒸汽流量及给水流量。

（4）对恶劣工况的适应性提出严苛的要求。小汽轮机设计无高压备用汽源，当机组处于特定工况时，由于背压升高或其他原因需要增加给水流量时，单独五段抽汽及六抽补汽供汽可能无法满足给水泵汽轮机出力要求，此种情况减负荷并不能有效解决给水泵汽源供应不足问题（五段抽汽及六抽抽汽压力随机组负荷变化），因此机组运行过程中，开展背压突升给水流量及负荷变化试验。

（5）对机组甩负荷试验造成很大的影响。甩负荷时汽泵失去五段抽汽及六抽补汽汽源，虽然可以提前并入辅汽汽源，但是由于辅汽汽源管道设计管径小，可能无法满足甩负荷工况给水泵汽轮机用汽量要求，造成甩负荷后锅炉给水不足而停炉，应提前估算辅汽带汽动给水泵辅机流量，试运时应开展辅汽带给水泵最大出力试验。

（6）两台机组共用电泵设计对冬季启动影响。冬季受限于空冷岛最小防冻流量的限制，机组启动过程中只能采用电泵启动，机组带至一定负荷后才可以启动汽动给水泵，由于两台机组共用电动给水泵，5、6号机组冬季无法同步启动。

六、高位布置机组稳压吹管问题

（1）锦界电厂三期项目高位布置超超临界机组蒸汽吹管较传统布置方式涉及多项难点，其中包括临时热膨胀量及部分管道和消音器出机房悬空布置、一次汽靶板装设位置、凝结水系统储水量小、主再热管道变短后导致应力大可能对锅炉膨胀的影响、电泵与汽泵配合、系统阻力与吹管参数确定等都是机组吹管过程中需要重点关注的安全和技术要点。

（2）本次吹管临时系统布置所需固定件采用预埋的方式，消音器伸出汽轮机外悬空布置，外延管道、消音器及固定件强度在吹管期间需要重点关注。

（3）二次汽管道变短，有可能引起膨胀量不足、管道热应力变大，进而传导到锅炉或汽机本体，也是本次吹管重点监视的关键。

（4）二次汽管道变短，其相应的吹管系统（正式及临时）的阻力相应也会变小，本次吹管的压力可能会低于传统布置，增加了汽温控制方面难度。

七、再热器温度623℃调试

通过调研同类型机组及锅炉的调试及运行情况，再热器温度在满负荷均未能长时间623℃稳定运行，尤其是在中高负荷时，偏离设计时更为严重。

锅炉厂在设计再热汽温623℃时，再热器材料没有换代、升级，只是利用了材料的使用余量，在汽温提高至623℃时，汽温与壁温报警更加接近，对左右烟温、流速偏差要求更高，增加了调整难度，需要进行全面的冷态试验和深度的热态优化调整，使再热汽温、壁温等各参数达到设计值。

锦界电厂三期项目全高位布置，主再热蒸汽管道短，在使用减温水调整汽温时，可能造成汽轮机进汽温度的大幅度变化。因此在调节汽温时要充分考虑各参数变化可能对汽机带来的影响，这需要通过试验精准掌握各参数在

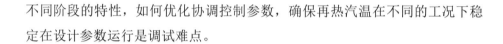

不同阶段的特性，如何优化协调控制参数，确保再热汽温在不同的工况下稳定在设计参数运行是调试难点。

八、高位布置机组 APS 调试

APS 系统实现的难点和关键点在于机组启动和停止过程中自动系统的全程投入和控制。而汽机高位布置、主要辅机单列设置等为 APS 的实现提出了更高的要求。具体体现在以下几个需要重点解决的功能组和控制回路中：

（1）全程给水自动控制难点。包括电动给水泵程控启动、汽动给水泵程控启动、锅炉上水及冷热态冲洗、自动并泵、给水旁路阀控制与汽泵转速控制的配合和切换，以及干湿态切换等难题。

（2）燃烧控制系统难点。即如何根据负荷指令的增减来自动安排磨煤机系统的启动和停止：① 单层煤层启/停功能组的实现，包括磨煤机冷热风挡板自动匹配控制及给煤机煤量自动控制的功能；② 煤层自动投运/停运顺序的确定，这与助燃方式和机组特性有关。

（3）主蒸汽压力控制系统难点。在机组启动点火、热态冲洗、升温升压、冲转、并网、带低负荷阶段，主蒸汽压力主要通过旁路调节阀来控制；升负荷过程中，逐渐通过燃料自动控制来实现对主汽压力的控制。主要解决锅炉启动初期升温速率控制问题等，使燃料控制能够尽早投入，使旁路迅速关闭，使锅炉主控尽快根据负荷或压力自动调节。

（4）风烟系统的全程控制难点。主要解决风机启动初期超驰量控制和全程自动调节的设定值等问题。

第二章

高位布置机组分系统调试技术方案

为高质量完成深度调试项目，针对锦界三期分系统调试难点、关键技术及关键环节，提前开展深度调试技术方案编制工作，涉及锅炉冷态通风动力场试验、化学清洗、蒸汽稳压吹管、直接空冷调试优化关键环节，为机组整套启动打下坚实基础。

第一节　锅炉冷态通风动力场试验深度调试技术方案

一、设备简介

锅炉主要辅机采用单列布置，烟风系统按平衡通风设计，一次风及二次风系统各设 1×100%容量的动叶可调轴流式风机；脱硫增压风机与引风机合并，设一台 100%容量的电动动叶可调轴流式风机。

主要辅机（如送风机、引风机）和燃烧器设计参数如表2–1～表2–3所示。

表 2–1　　　　　　　　　　送 风 机 设 计 参 数

型式	动叶可调轴流式	数量	1
型号	GU16642–012	流量（TB/BMCR）（m³/s）	501.0/451.7
入口全压（TB/BMCR）（Pa）	–399/–350	入口静压（TB/BMCR）（Pa）	–1067/–930

续表

型式	动叶可调轴流式	数量	1
出口全压（TB/BMCR）（Pa）	4074/3760	出口静压（TB/BMCR）（Pa）	3406/3180
全压升（TB/BMCR）（Pa）	4473/4110	静压升（TB/BMCR）（Pa）	4473/4110
入口温度（℃）	8.7	入口密度（TB/BMCR）（kg/m³）	1.04/1.11
转速（r/min）	990	全压效率（TB/BMCR）	86.1/87

表 2-2 引 风 机 设 计 参 数

型式	动叶可调轴流式	数量	1
型号	HU28450-222	流量（TB/BMCR）（m³/s）	1014/894.8m³/s
入口全压（TB/BMCR）（Pa）	-6340/-5360	入口静压（TB/BMCR）（Pa）	-7209/-6041
出口全压（TB/BMCR）（Pa）	4074/3760	出口静压（TB/BMCR）（Pa）	3406/3180
全压升（TB/BMCR）（Pa）	4035/3411	静压升（TB/BMCR）（Pa）	10375/8711
入口温度（℃）	85.5	入口密度（TB/BMCR）（kg/m³）	0.8510/0.8560
转速（r/min）	745	全压效率（TB/BMCR）	85.6/85.8

表 2-3 燃 烧 器 设 计 参 数

项目	数值	项目	数值
一次风粉混合物温度（℃）	75	地位燃尽风（%）	19
二次风温（℃）	334	顶部燃尽风（%）	3
一次风速（喷口速度）(m/s)	27	周界风（%）	10
二次风速（m/s）	57	一次风率（%）	18.95
二次风率（%）	76.05	燃烧器一次风阻力（Pa）	500
高位燃尽风（%）	19	燃烧器二次风阻力（Pa）	1000

二、策划目的

锅炉冷风动力场试验的质量与锅炉的燃烧水平密切相关，直接关系到锅炉的安全、经济、环保运行，通过明确试验条件、细化试验内容、规范试验过程，可有效确保锅炉冷风动力场试验水平，为锅炉热态燃烧调整提供一定的依据。

三、冷态动力场试验前的准备工作

1. 查阅设计资料，确定试验方法

（1）锅炉风机采用单列布置，锅炉采用四角切圆布置直流燃烧器，每台炉配 6 台中速液压磨煤机，每台磨出口配置 4 根送粉管。

（2）锅炉风量标定测量装置包括二次风总风量、各分风箱风量、磨煤机出口粉管风速、磨煤机入口风量。

（3）根据风量计算说明书将风量计算公式准确输入 DCS，注意公式中变量的选择必须具有代表性和准确性。

（4）依据相关标准准备冷态模化风速计算程序，编制标定和调平需用的风速、风量计算公式，并进行模拟试验数据计算以确定公式的正确性。

2. 测点及设备的检查

（1）根据烟风、制粉系统的温度、压力、风速、流量测点清单，进行逐一检查和传动。重点验证测点安装位置的准确性和与 DCS 测点描述的一致性。

（2）检查系统内测量压力、风速、流量的变送器量程是否与设计量程一致，是否与 DCS 系统内对应测点的量程设置一致。

（3）指导和监督检查临时测点的安装，安装位置的测量平面应有充足的空间便于测试仪器的使用。在试验前进行测孔松动试验，防止螺帽卡死现象。

（4）一次风可调缩孔安装前，检查阀瓣位置与外部执行器开度指示是否一致，操作是否灵活。安装完成后，再次进行传动检验，并准确标记对应的一次风管编号。

（5）采用四角切圆直流燃烧方式的锅炉，试验前必须在炉内、炉外对应检查和传动四角燃烧器上下摆动机构和燃尽风上下左右摆动机构，检查所有喷嘴动作是否灵活一致。

3. 试验现场条件的要求和检查

测试平台的搭设直接影响到试验人员的安全性、试验过程的完整性和试验数据的精确性，因此，现场试验条件要求如下：

（1）在炉膛上部装置足够的照明设施，要求至少两路相对独立的电源分别供电，电源应符合《国家电网公司电力安全工作规程》要求。

（2）四角切圆燃烧方式的锅炉，在燃烧器最下层一次风喷嘴中心下合适位置处搭设满炉膛平台，平台能够承载试验人员及设备，并留有余量，四角燃烧器旁搭设简易爬梯，要求能承受 4 人，炉内其他与试验无关的高出平台部分的脚手架必须全部拆除，脚手架的搭设应尽量避开喷嘴区域。

（3）四角切圆燃烧方式的锅炉，在四面水冷壁各个炉墙的中心，位于最下层一次风喷口中心标高处固定一个拉钩，总计固定 4 个拉钩，并用细铁丝拉设十字交叉拉线，要求拉线笔直、牢固。

（4）四角切圆燃烧方式的锅炉，在炉膛出口水平烟道受热面管排之间选合适的位置搭设 3 层平台，进行炉膛出口气流分布的测量。

（5）试验前必须完成炉底密封，避免炉低漏风对空气动力场的不良影响。

（6）试验前烟风道所有检修人孔必须关闭（试验人员进出炉膛的人孔除外）。

4. 系统设备运行状况检查和确认

（1）进行冷态通风时必须按照设计的正常运行方式先后启动引风机、送风机、一次风机、密封风机等。

（2）一次风速调平前，锅炉通风过程中必须对送粉管线进行严密性检查，避免漏风、漏粉的后期处理造成调平误差变大和热态运行偏差更大现象的发生。

（3）锅炉冷态通风过程中，必须对烟风系统所有压力、风速、风量测点进行动态验证，首先，施工单位全面检查测量装置至变送器的传压管线的严密性，确保无漏点；其次，通过标准风压测试仪器的就地测量与 DCS 系统相应测点数据的对比分析，验证动态测点的准确性；对于设计有一次风速测量的制粉系统，验证风速测点与一次风管的一致性。

四、冷态动力场试验过程关键环节的控制

锅炉冷态动力场的总体原则是：燃料和空气的分布适宜，燃料着火后能得到充分的空气供给，并达到均匀的扩散混合，以利于迅速燃尽；炉膛内有

良好的火焰充满度，并形成区域适中的燃烧中心，这就要求炉膛内气流无偏斜，不冲刷炉壁。

1. 风量、风速装置标定和一次风速调平

为保证锅炉具有良好的空气动力场，锅炉四个角的一次风速应该调平，将冷态风速偏差控制在一定范围之内，风速调平后才能进行炉内空气动力场的测量，同时为了为减少热态偏差，提高烟风、制粉系统运行可靠性，更好地组织燃烧。

启动空气预热器、引风机、送风机、一次风机、密封风机，开启磨煤机各煤粉管出口挡板、磨入口冷风门、热风门、混合风门，保持炉膛负压在−100Pa左右，在一次风机动叶开度为70%、85%两个开度工况下，用标准毕托管对制粉系统风量测量装置进行标定。

一次风速测量装置标定完成后恢复一次风速测点，并将标定系数输入DCS中风速计算公式。将最长一根一次风管的缩孔全开，把管内流速调节至接近设计值约25m/s进行调平，使每根一次风管内的风速与同层四根管内风速平均值的偏差在允许范围内。然后再调整一次风管内风速分别在22m/s和28m/s状态下进行校核。使三个工况的管内流速偏差均在允许范围内。采用同样的方法，逐台进行磨煤机一次风速调平。

标定和调平标准：

（1）标定时三个工况之间的误差应不大于±5%，误差超标必须增加标定工况。

（2）调平时，同层一次风速之间的偏差应不大于±3%。

（3）同层一次风速的调平应以使阻力最大的一次风管（调平前一次风速最低的风管）风速正偏差为原则，以减少风粉混合后的偏差。

每层一次风速调平后必须变换两个以上工况进行校核验证。

2. 挡板特性试验

（1）在所有风量装置标定完成后，分别调节各台磨煤机的冷风、热风调节风门开度至0%、25%、50%、75%、100%，记录各工况下磨煤机风量，测定各调节风门特性。

（2）四角切圆燃烧方式的锅炉，在二次风挡板传动验收时必须严格检查挡板动作线性，在炉内动力场测试前选取不同类型的二次风挡板进行 0%、25%、50%、75%、100%五个开度下的风速测试，检验挡板特性。

3. 炉内动力场测定

启动引风机、送风机、一次风机、密封风机，开启磨煤机煤粉管出口门及进口冷、热风门、混合风门，各磨煤机入口调节风门、各二次风门挡板，调节进入炉膛的一次风、二次风风速模拟热态工况，进行炉内空气动力场试验，进行冷态模化计算时，在自模化区域内，冷模速度的选取要合适，模型与实物流阻的比值系数可任意选取，但根据风机容量应尽量选择大值。炉内动力场试验测得"十"字网面风速、贴壁风速分布情况，并且采用飘带形式实际加以观察，最终绘制炉内强、弱风环布置图，得到强、弱风区域的直径大小。

改变二次风风箱差压，分别在 0.7kPa、1.0kPa 工况下测量贴壁风，每间隔 3～4 根水冷壁管进行一组数据测量。

4. 炉膛出口气流分布

锅炉炉膛出口的烟温偏差、汽温偏差以及管壁温度的超温问题往往与炉膛出口气流流速的偏差有很大关系，在热态时由于烟气温度高，炉膛出口截面积大，在热态进行炉膛出口烟气流速分布测量存在较大困难，因此在冷态进行炉膛出口气流流速分布的测量，有助于分析和掌握热态运行的工况。在进行炉膛出口气流流速分布测量时，应该根据动量比相等的原则，调整锅炉各层一次风、二次风风速，使气流运动状态尽量接近热态工况，测量点的选择分布应考虑实际操作的方便和热态分析的需要，一般测量三个不同标高的风速分布，在高温再热器前分三层六个不同层面进行水平烟道出口风速测定。

（1）调整锅炉一、二次风至模化风量，测量水平烟道出口风速。

（2）调整所有偏置二次风开度至 30%、60%、100%，分别测量水平烟道出口风速，摸清尾部流场与偏置二次风开度关系。

（3）调整左右侧烟温挡板开度，分别在 100%/100%、60%/100%、30%/100%工况下测量水平烟道流场。

（4）调整高低位燃尽风开度，在开度分别为 0%/0%、0%/50%、0%/100%、

50%/100%工况下测量水平烟道流场。

（5）调整高低位燃尽风水平摆角，分别在摆角为 - 20°、0°、+ 20°工况下测量水平烟道流场。

五、冷态动力场试验仪器及测点要求

1. 测点安装原则

（1）风量测量试验测点采用等截面积法布置测点。

（2）风量测量测点安装位置应选择在无涡流、无障碍物的直管段。

2. 锅炉动力场试验仪器清单

（1）热线风速仪，2 台。

（2）数字温度计，1 块。

（3）标准皮托管，3 支。

（4）靠背管，2 支。

（5）电子微压计，3 台。

（6）白胶布、飘带、胶管、手电筒等。

第二节　机组化学清洗深度调试技术方案

一、设备系统简介

锅炉水汽系统流程为来自高压加热器的给水首先进入省煤器进口集箱，然后经过省煤器管组和悬吊管进入省煤器出口集箱。从省煤器出口集箱经一根炉膛下降管被引入位于炉膛下部的水冷壁进口集箱，然后沿炉膛向上经螺旋水冷壁进入水冷壁中间集箱。从水冷壁中间集箱出来的工质再进入上部的垂直水冷壁，由水冷壁出口集箱经连接管进入出口混合集箱，充分混合后进入锅炉前部的汽水分离器。

锅炉在最小直流负荷点以下运行时，进入分离器的工质是汽水混合物，分离器处于湿态运行。分离出的水经贮水箱进入疏水扩容器和除氧器。汽水分离器分离出的蒸汽依次流过锅炉顶棚、水平烟道侧包墙、尾部烟道包墙、低温过热器、屏式过热器、后屏过热器和末级过热器。各级过热器之间共设二级（4个）减温器。汽机高压缸排汽经冷再管道进入低温再热器进口集箱，依次流过低温再热器管组、高温再热器管组，最后经热再管道进入汽机中压缸和抽汽管道。

二、策划目的及内容

锅炉的化学清洗是机组启动调试中的一个重要环节，主要目的是清除设备的管材在生产、运输、安装施工过程中混入的杂质，这些杂质主要由实施保护措施过程中的油漆等防锈物质，泥沙，焊渣、锈蚀等构成。清洁的汽水系统表面是进行正常热交换的必需条件，也是保障机组运行后汽水品质合格的基础。

机组化学清洗策划对清洗单位资质、清洗工艺的确定、清洗工作的组织分工、措施编制、系统安装、工艺实施、安全措施、环保措施、清洗质量评价等工作提出了明确的监督要求，保证了化学清洗工作的可控、在控。

三、化学清洗组织

为了保证化学清洗的质量，化学清洗工作实施前应成立化学清洗组织机构，并在试运指挥部得领导下开展总体组织协调工作。化学清洗组织机构由建设单位、监理单位、EPC 总承包方、调试单位、施工单位、生产单位、清洗单位组成。

四、清洗单位的资质核查

机组的化学清洗是一项技术要求高、危险系数大、环保要求严的一项分系统调试工作，清洗单位的资质能力是化学清洗能否高质量、安全完成的重要条件，近年来因清洗单位能力不足导致的清洗事故近时有发生，如清洗后的锅炉本体管路在启动时发生大面积爆管事故等。根据相关标准要求，锦界电厂三期工程×660MW 机组为超超临界等级，因此清洗单位必须具有化学清洗 A 级能力认定。

当前在机组化学清洗中清洗单位的选定和管控中存在的主要问题如下：

（1）一些没有电站锅炉清洗经验的清洗单位中标，中标的清洗单位对电站锅炉的系统结构、金属材质、隔离设备、验收标准等缺乏了解，人员素质较差，工艺设计、设备安装、设备配置、质量控制、安全和环保管控皆满足不了化学清洗的能力要求，导致清洗质量不达标甚至导致人员伤亡和设备损坏等事故。

（2）低价中标导致的质量管理失控。其一，无相应等级能力的清洗公司入围，因能力不够导致清洗质量无法保证（该情况目前比较常见）；其二，中标单位虽然有 A 级能力证书，但为了降低清洗成本，在设备配置、人员安排、药品购置、临时系统安装工艺、质量控制、安全和环境管控上投机取巧、敷衍了事，导致清洗质量得不到保证。

针对上述情况，在化学清洗单位的选择上加强如下五个方面的监督管理：

（1）EPC 总承包方应严把清洗单位中标管理，并将拟中标单位报送建设单位审查后确定，期间监理单位、调试单位应提出相应审核意见。

（2）为了防止低价中标导致清洗质量的失控，建议在清洗单位招标过程中，根据工作范围，要求投标单位提供详细的成本清单，如人工费、差旅费、劳保费、保险费、设备的运输费和折旧费、备品备件费、临时系统的安装和恢复费、清洗的药品费、药品质量的检测费、外包费、水费、电费、蒸汽费、废液的处理费（若不需清洗单位处理可省略此项）、公司管理费用、税费、利润、其他不可预见费等。建议对不计成本、费用报价不合理的投标单位，业绩不佳（特别有清洗事故前科）和能力不足的清洗单位不予选择。

（3）清洗单位必须具有 A 级化学清洗资质；清洗单位的项目经理、质量和技术负责人、安全负责人、现场操作人员、化验人员必须持证上岗。

（4）明确临时系统的管路管径不能小于 DN273mm；泵流速为 0.2～

0.5m/s，且至少保持一台备用泵设计，临时系统的焊接必须氩弧焊打底按正式系统焊接质量要求完成，焊工应持证上岗。

（5）需满足《化学清洗废液处理技术规范》（GB/T 31188—2014）规定："化学清洗现场产生的废液经现场预处理后，统一送至经环保部门颁发了危险废物经营许可证的环保企业或污水处理厂（应达到污水处理厂所能接纳废水的水质和水量要求）进行深度处理，处理达标后方可排放。"

五、化学清洗介质的选择

1. 化学清洗介质选择的一般要求

选择的清洗介质除了要考虑超临界机组特殊材质对清洗介质的要求，避免因清洗介质选择不当对机组材质造成的金相破坏，及由引起的机组安全隐患；此外，还应综合考虑其经济性及环保等因素要求。最终的选择应根据垢的成分、锅炉设备构造、材质等，通过试验确定。

2. 碱洗介质选择

常规碱洗介质采用磷酸三钠、磷酸氢二钠、除油剂。采用磷酸三钠及磷酸氢二钠碱洗会在清洗液中产生一定浓度的游离氢氧化钠，而奥氏体不锈钢、合金钢与游离氢氧化钠接触会发生苛性脆化；若使用表面活性剂，清洗过程会产生较多泡沫，且一般消泡剂不能有效消除，致使液位无法监视。而采用除油剂清洗不会对金属材质产生负面影响，且清洗废液处理难度小，对环境影响也较小。因此，本次化学清洗碱洗工艺建议使用除油剂或双氧水进行炉前及本体的碱洗，具体型号及控制参数可根据小型试验决定。

3. 炉本体酸洗介质选择

对于奥氏体钢、合金钢和不锈钢，不宜使用无机清洗剂特别是含有 F^-、Cl^-、SO_4^{2-} 和 S 原子的清洗剂，因易形成铬离子晶间富集的应力腐蚀。

目前常用的超临界锅炉的化学清洗介质一般有复合酸、柠檬酸和 EDTA。采用复合酸在清洗过程中温度控制要求较高，如果清洗过程中温度过高清洗液中容易产生 SO_4^{2-} 和 S 原子，这些杂质的出现，会对机组材质产生不利影响。

采用柠檬酸虽然清洗温度需要控制在 90℃以上，但是根据清洗时自然环境温度及以往经验，采用混合加热及小型表面换热器即可达到要求，清洗时间较短一般在 6h 左右即可完成，此外柠檬酸清洗废液在厂内工业废水集中处理系统没有完全调试好的情况下还可考虑其他处理方式。EDTA 清洗具有临时系统与清洗工艺简单、清洗时间短、安全可靠、清洗效果好、废液可回收等优点，特别是清洗液 pH 值控制在 9.2 左右可实现清洗、钝化一步到位。

4. 酸洗钝化后排放要求

酸洗后钝化工艺大多为常规的亚硝酸钠、联胺或双氧水钝化。亚硝酸钠和联胺钝化后的废液都属于公害性废液，必须经过严格处理后方可排放，处理工艺不易掌握。而双氧水来源广泛，钝化要求温度低、钝化时间短、钝化废液无需专门处理，其钝化膜状态及性能优良。EDTA 清洗与钝化可一步完成，但清洗废液的处理困难，需采取额外处理工艺。

六、清洗范围的确定

化学清洗的质量直接关系机组启动的水汽质量，为了在机组启动时使得机组水汽品质尽快合格，缩短冲洗时间。制定化学清洗方案时在条件允许情况下尽量扩大清洗范围。化学清洗除了常规的低压给水系统及高压给水与炉本体外，建议对启动系统也进行清洗，具体清洗范围如下：

（1）低压给水系统：排气装置、低压加热器、除氧器、高压加热器汽侧。

（2）高压给水系统与炉本体：高压加热器水侧及旁路、省煤器、下降管、水冷壁、启动分离器。

（3）启动系统：暖管管路、过热器减温水管路、再热器事故喷水管路等辅助管道。

七、重点事项

1. 锅炉补给水处理系统

清洗前锅炉补给水处理系统两个除盐水箱必须都能投入使用，且应储满除盐水；锅炉补给水处理系统预处理系统调试完毕，除盐系统保证两列床再生完毕。

2. 临时系统要求

（1）必须对锅炉化学清洗的临时系统及正式系统同时进行水压试验和升温试验。升温试验时，每小时温升不得低于 30℃，在温度升到一定程度后，要对螺旋水冷壁管和垂直水冷壁管进行摸管检查，确认温度是否基本一致，如果温度较低，可能为堵塞，应做好标记，在化学清洗后及时进行处理。水压试验应该在升温试验后进行。

（2）阀门在安装前进行水压试验。所有阀门压力等级必须高于清洗泵（或水冲洗泵）相应的压力，阀门本体不应带有铜部件，阀门及法兰填料应采用耐酸碱及耐高温的防蚀耐温材料。除排放管外的其他临时阀门和管道应采用焊接方式连接。蒸汽加热临时管道与清洗箱和表面换热器连接的阀门，必须经过严格校验，管道上焊口焊接牢固，并进行探伤检查。避免因法兰及焊口断裂引起的安全事故，以及由此对清洗工作造成的不利影响。

（3）清洗泵入口侧（或酸箱出口应装滤网，滤网孔径应小于 5mm，有效通流截面积应大于入口管截面积的 3 倍。为防止滤网堵塞，可在清洗箱内加装面积为 1m² 以上、孔径为 5mm 的大滤网，在酸洗前进行大流量冲洗，完毕后将滤网拆除再进行酸洗。

（4）管系的安装应考虑热膨胀补偿措施。在水冷壁底部联箱连接的临时管，要考虑锅炉清洗时受热向下膨胀量，要有缓冲膨胀的措施。

（5）临时系统的焊接应先用氩弧焊打底再进行焊接，以防酸洗下来的焊渣进入锅炉；两种不同材质的管道连接的焊口应进行热处理并进行探伤检查。

3. 小型试验

化学清洗前一般对将要使用的清洗用酸和缓蚀剂进行酸洗小试。一般是将挂片放到与酸洗实际控制浓度相同柠檬酸液中并加入相应剂量缓蚀剂，在给定温度、时间内测量试片的失重。小型试验除进行常规的缓蚀剂性能检查外，建议对酸洗工艺进行更改温度范围的研究试验。

小型试验过程中可在试液中加入适量的同性垢质及三价铁离子（300mg/L 为宜），以全面考察缓释剂的缓蚀性能。试验温度范围建议由原来的95℃拓宽为60～95℃，试验用酸浓度由 5%拓宽为 2.5%～7%，在此温度和浓度范围内选择合适的温度和浓度。同时力争通过小型试验结果对正式清洗过程中可能出现的情况做到提前预想或预案。

4. 锅炉清洗阶段注意事项

锅炉清洗前应检查并确认化学清洗用药品的质量、数量，监视管段和腐蚀指示片。腐蚀指示片应放入监视管或清洗箱内，每个部位腐蚀指示片不少于 3 片。

锅炉清洗过程中应监督加药、化验，控制各清洗阶段介质的浓度、温度、流量、压力等重要清洗参数。根据化验数据和监视管内表面的除垢情况判断清洗终点。

监视管段应在预计清洗结束前取下，并检查管内是否已清洗干净。若管段仍有污垢，应把监视管段放回系统中继续清洗，直至监视管段全部清洗干净。若监视管段已清洗干净，清洗液仍需要再循环 1h，方可结束清洗。

锅炉清洗监视点布置、取样及化学分析项目如下：

（1）锅炉化学清洗时的监视点通常设在清洗系统的进口、出口和排放管，必要时可在系统其他部位设置监视点。

（2）锅炉清洗过程中的测试项目。

八、清洗过程控制要点

1. 化学清洗的准备工作

由监理公司牵头，组织有关单位及相关专业人员，按照化学清洗前应具备的条件对清洗系统及相关事项进行逐一检查，确认各项条件满足要求后开始进行清洗。

2. 凝结水系统冲洗和碱洗控制要点

机组在化学清洗前必须进行水冲洗。冲洗流速一般应大于 0.5m/s；水冲洗及除油清洗过程中应尽量维持凝结水箱及除氧器较高水位，维持较高的冲洗流速，以保证清洗效果。

除油清洗液排放后，凝结水箱中应还存在凝泵安全水位下的清洗液，为了减少除盐水用量并使后续冲洗尽快合格，可以考虑通过排放门排放，再用临时泵排至废水处理系统。

清洗结束后应立即安排对凝结水箱及除氧器进行人工清理。经验收合格后进行储水，以备酸洗后大流量冲洗用。

3. 柠檬酸清洗终点的判断

柠檬酸洗终点的判断是化学清洗的关键环节。过早结束清洗，金属表面有可能洗不干净，钝化效果较差，但酸洗时间过长，又有可能加重金属的腐蚀。当清洗介质的浓度不再降低或者降低甚微（有时因通蒸汽加热，对清洗液微有稀释作用），且酸洗液中铁离子浓度趋于稳定时，监视管段内基本清洁，再循环 1h 左右，即可停止酸洗。

4. 柠檬酸洗废液排放及水冲洗控制要点

酸洗后的水冲洗是关键步骤，为下步钝化获得致密性钝化膜奠定基础。氮气顶排冲洗最为理想，但由于气源及系统的原因实现起来很困难。采用水顶酸方式，酸洗后金属表面膜被酸溶解，金属基本处于裸露状态，而表面金属化学性质活泼，极易与氧发生化学反应，形成二次锈蚀，影响钝化效果，而水顶酸法可避免金属与空气接触。酸洗结束后，启动凝结水泵对清洗系统进行连续顶排冲洗，清洗箱和回液管残液排尽后清洗箱补水，启清洗泵与凝泵同时冲洗，控制排放门的开度，维持分离器液位高于酸洗时液位。

5. 柠檬漂洗双氧水钝化控制要点

酸洗后水冲洗一般时间较长，且冲洗水当中还有一定量溶氧，因此管壁内表面或多或少会有二次锈产生。因此，应该进行漂洗后在转钝化。

漂洗过程应控制在 2 小时内完成，漂洗温度可根据小型试验确定，漂洗期间严格控制漂洗液 pH 值不大于 4.0，以防止柠檬酸铁沉淀。漂洗后期对漂洗液进行顶排置换，降低漂洗液中铁含量，同时降低漂洗液温度至钝化温度。转钝化时快速加入氨水调节 pH 值至 9.5 以上，争取在 30min 内完成，然后再加入双氧水进行钝化，钝化过程中，应严格控制钝化温度，不宜过高，以防止双氧水分解。

6. EDTA 清洗液浓度选择的一般要求

EDTA 浓度的选择与 EDTA 清洗效果密切相关。EDTA 的浓度不能太高，浓度越高，反应速度越快，但可能过剩浓度过高，使清洗后期清洗液的 pH 值偏低，影响钝化效果，同时也增大排放损失；浓度不能太低，因为浓度过低（如 EDTA 质量分数小于 1%），可能会使清洗后期清洗液的 pH 值过高（如大于 11），甚至使络合物发生解离，也影响清洗效果。EDTA 浓度的选择，先按管样垢量的多少进行理论计算、经验核算，最终由小型试验确定（保证 EDTA 过剩质量分数不小于 1.5%）。

7. EDTA 清洗温度设定

EDTA 常温下与铁的络合速度缓慢，温度越高，EDTA 的络合速度越快。但温度过高，将促使 EDTA 及其络合物热分解。据有关资料介绍，EDTA 铵盐 $[(NH_4)_2H_2Y]$ 水溶液在 150℃开始分解。一般化学反应速度随温度升高而提高，然而大多数缓蚀剂的缓蚀效果随着温度的升高而降低。

EDTA 清洗时常用的升温方式以点火加热为主、蒸汽加热为辅。采用蒸汽加热比点火加热更经济、安全，但升温速度慢，清洗时间长。

可以投高压加热器进行辅助加热，也可以采用除氧器再沸腾或低压加热器加热。清洗用高压加热器投入辅助蒸汽进行加热，调节高压加热器的蒸汽进入量使系统温度维持在 120～135℃。

单独采用蒸汽加热时，要求清洗系统的所有临时管道和正式管道全部保温，锅炉观察孔、人孔、烟风道、炉底水封等都应封闭，还要保证辅助蒸汽有足够的压力和流量。

由于清洗过程中清洗系统各部位受热不均匀，清洗溶液存在温差。为保证清洗阶段清洗液温度均匀，需安装临时温度测点。除临时测点外，省煤器入口、汽包壁、高压加热器入口、除氧器为系统自身的测点，过程中以红外测温仪监视清洗温度和系统循环情况。

8. EDTA 清洗 pH 值

pH 值对 EDTA 清洗液的除垢能力和钝化有重要影响。EDTA 钠盐清洗的初始 pH 值和浓度根据所清洗的垢的多少和垢样的组成决定。清洗过程中，清洗液的 pH 值不断升高，结束时可达 8.5～9.5，实现清洗、钝化一步完成。《火力发电厂锅炉化学清洗导则》（DL/T 794—2012）规定，初始 pH 值为 5.0～5.5，EDTA 浓度为 4%～8%。

EDTA 铵盐清洗的 pH 值太高，容易生成氢氧化铁沉淀，pH 值太低又不利于垢和锈蚀产物的溶解。因此，在清洗过程中一定要正确监测 pH 值。根据小型试验结果和国内外文献介绍，通常 EDTA 铵盐清洗液的 pH 值宜控制在 9.0～9.5，在其下降到 9.0 时及时充 NH_3，从清洗箱、下降管和清洗泵入口都可均匀充入纯度大于 99% 的液态氨。

9. EDTA 清洗流速

增加流速可以增加反应速度和对污垢的冲刷能力，使清洗液的浓度越均匀，清洗的速度越快。但流速过高会使缓蚀剂与金属表面的吸附能力下降，并且加强阴、阳极去极化作用，从而加速金属基体的腐蚀，并对钝化膜的形成产生不利影响；流速太小则不能保证清洗液在清洗系统的各个部分均匀流动，可能在某些部位产生清洗产物堆积或"气塞"现象，不仅不能有效地清洗这些部位，而且清洗后的废液也难以冲洗干净，影响清洗效果。

因此，保持一定的清洗液流速可使清洗液的温度、成分均匀，使药品得到充分有效的利用，并且可根据对清洗液的分析比较准确地判断清洗终点。EDTA 的清洗流速，一般都控制在 0.15m/s 以上。

10. EDTA 清洗时间与清洗、钝化终点判断

清洗时间过长，可能会在金属表面有明显的金属粗晶析出，造成过洗，有二次浮锈出现，增加对锅炉金属表面的腐蚀，使保护膜不均匀；清洗时间

过短，则清洗系统中的沉积物不容易洗净，达不到预期的清洗效果。因此应对清洗时间严格控制，加强对清洗液的化学监督，当清洗液中 EDTA 总浓度稳定、含铁量不再明显增加、监视管段被清洗干净时即达清洗终点。

当清洗液中铁离子含量基本稳定、pH 值在 9.0～9.5 和游离 EDTA 浓度大于 1.5%时，已进入钝化阶段。

11. EDTA 清洗过程中的技术监督

EDTA 清洗所选择的分析项目及其控制要求、分析周期，如表 2-4 所示。

表 2-4　　　　　　　　　清洗主要参数控制表

序号	分析项目	控制要求	分析周期
1	总 EDTA 浓度（%）	6～8	60min
2	残余 EDTA 浓度（%）	≥1.5	30min
3	含铁量（mg/L）	基本稳定	60min
4	pH 值	9.0～9.2	30min
5	温度（℃）	120～135	连续

12. 化学清洗后的锅炉保养

锅炉化学清洗后如在 20 天内不能投入吹管或运行，应进行防腐保护。常用保护方法：液体保护法有氨液保护、氨—联氨液保护，气体保护法有充氮保护、气相缓蚀剂保护。具体保护方法应根据现场情况进行选择。

13. 化学清洗废液排放和处理

碱洗及冲洗废液可排入废水处理系统调节 pH 值后若 COD 达标可进行排放；若 COD 不达标，则须进行进一步的处理，直至达到国家排放标准后直接排放即可；柠檬酸清洗废液排入临时存放池，并由有回收、处理资质的单位回收，处理达标后排放；漂洗和钝化废液排入废水处理系统后，加入漂白粉或二氧化氯，经充分曝气、氧化后，调节 pH 值至 6～9 后达标排放。

EDTA 清洗废液一般由具有回收处理资质的专业回收处理公司进行处理，经过一系列的化学方法可将废液中的 EDTA 进行回收，具有一定的经济价值。电厂自行处理难度较大，需建设相应的临时系统进行预处理，最终废液进行煤场喷淋。

九、化学清洗结果及评价

化学清洗结束后，监理单位组织 EPC 总承包单位、调试单位、施工单位、建设单位、生产单位、清洗单位各方代表根据国华电力《超（超超）临界机组化学清洗导则》[GHDJ – 09 – 03（T）]和《火力发电厂锅炉化学清洗导则》（DL/T 794—2012）的相关规定进行清洗质量评定。相关评定标准摘录如下：

（1）清洗后的金属表面应清洁，基本上无残留氧化物和焊渣，不应出现二次锈蚀和点蚀，不应有镀铜现象。

（2）用腐蚀指示片测量的金属平均腐蚀速度应小于 6g/（$m^2 \cdot h$），腐蚀总量应小于 60g/m^2。

（3）残余垢量小于 30g/m^2 为合格，残余垢量小于 15g/m^2 为优良。

（4）清洗后的设备内表面应形成良好的钝化保护膜。

（5）固定设备的阀门、仪表等不应受到腐蚀损伤。

十、安全措施

（1）成立化学清洗指挥部，指挥部人员由建设单位、施工单位、监理单位、调试单位、生产单位组成，指挥部各单位人员有权调动各单位的人力、物力，确保清洗过程中发生异常问题时及时处理。各单位指挥部成员应在进酸后实行现场 24h 值班，直至钝化后废液排放结束后为止。

（2）机组清洗前，有关人员必须学习化学清洗安全和操作规程，熟悉清洗用药的性能和灼伤急救方法。清洗工作人员应持证上岗，与清洗无关人员不得在清洗现场逗留。

（3）现场必须备有消防设备，消防水管路应保持畅通。现场需挂贴"注意安全""严禁明火""有毒危险""请勿靠近"等标语牌，并做好安全宣传工作。

（4）化学清洗系统的安全检查，应符合下述要求：与化学清洗无关的仪表及管道应隔绝；临时安装的管道应与清洗系统图相符；对影响安全的扶梯、孔洞、沟盖板、脚手架，要妥善处理；清洗系统所有管道的焊接应可靠，所有阀门、法兰及水泵的盘根均应严密，应设防溅装置，防备泄漏时酸液四溅。还应备有毛毡、橡胶垫、塑料布和卡子以便漏酸时包扎。

（5）酸泵、清洗泵、取样点、化验站和监视管附近须设水源，用橡胶管连接，以备阀门或管道泄漏时冲洗用，还应备有石灰以便中和时使用。

（6）清洗时，禁止在清洗系统上进行其他工作，尤其不准进行明火作业。在清洗现场严禁吸烟。

（7）清洗过程中清洗单位和施工单位应有维修人员值班，随时消除清洗设备和系统缺陷。

（8）搬运浓碱（溶液）时，应有专用工具，禁止肩扛或手抱。

（9）直接接触苛性碱和酸的清洗人员和检修人员，应穿防护工作服、橡胶靴、带胶皮围裙、胶皮手套、口罩和防护眼镜或防毒面具以防酸、碱液飞溅烧伤。

（10）在清洗现场应配有盛清洁水的水桶（流动水源也可）、毛巾、药棉、浓度 0.2% 的硼酸溶液，2% 的氨水、重碳酸钠和碳酸钠溶液各 5L，石灰水溶液 10 升。

（11）酸液溅到地面上时，应用石灰中和。溅于衣服上时，应先用大量清水冲洗，然后用 2%～3% 浓度的碳酸钠溶液中和，然后再用水冲洗。若酸液溅到皮肤上时，应立即用清水冲洗，再用 2%～3% 浓度的重碳酸钠溶液清洗，最后涂上一层凡士林。若酸液溅入眼睛里，应立即用大量清水冲洗，再用 0.5% 的碳酸氢钠溶液冲洗，并立即送医务室急救。

（12）清洗过程中应有医务人员值班，并备有相关急救药品。

第三节　机组稳压吹管深度调试技术方案

一、设备系统简介

锅炉采用不带再循环泵的系统，在启动和低负荷运行时，汽水经分离器分离，蒸汽进入过热器，水进入储水罐，锅炉启动全部疏水经液位调节阀和疏水扩容器扩容后送入凝结水箱或直接排放，锅炉在 35%BMCR 负荷左右切换到直流运行状态。

给水系统采用单元制，每台机组设置 1 台 100%容量汽动给水泵，2 台机组设置 1×40%容量电动启动给水泵。凝结水系统采用中压凝结水精处理系统，每台机配 2×100%容量卧式凝结水泵，配置 2 套变频调速装置。

二、吹管目的

新建机组投运前，锅炉过热器、再热器及其蒸汽管道系统的吹扫是锅炉向汽轮机首次供汽前不可缺少的一项重要工序。采用具有一定压力和温度的蒸汽进行吹管，可以清除设备及管道在制造、运输、保管、安装过程中残留在过、再热器系统及蒸汽管道中的各种杂物（如砂粒、石块、旋屑、氧化铁皮等），防止机组运行中过、再热器爆管和汽机通流部分损伤，提高机组的安全性和经济性，并改善运行期间的蒸汽品质。

三、吹管方式

1. 蓄能降压吹管方式

蓄能降压吹管方式是利用锅炉的蓄热量，凭借锅炉快速降压过程产生的附加蒸发量，短时获得较大蒸汽流量，依靠有效吹管时间（吹管过程中吹管系数大于 1 的时间）和积累来达到吹管目的的一种方法。降压吹管操作简单，锅炉升压到一定值，快速打开临时控制阀，进行锅炉吹扫，当锅炉压力下降到一定值，快速关闭临时控制阀，一次吹扫结束，然后锅炉重新升压，进行下次吹扫，如此反复，直至锅炉吹扫干净。采用降压吹管时，锅炉可完全烧油进行，在制粉系统不具备投运条件的情况下，也可实现锅炉吹管；锅炉蒸发量主要依靠自身的蓄热量产生，锅炉吹管间断进行，每次吹扫持续时间短，因此锅炉补水也是间断进行，补水量相对较小，对于大型机组，当给水系统配置的电动给水泵容量为 30%以上，不投入汽动给水泵，仅靠电动给水泵就可满足锅炉吹管补水的需要；由于锅炉完全燃油，输入热量少，热负荷较小，汽温水平相对较低，无须附加临时减温装置也可控制再热器不超温，因而吹管系统简单。但是，采用降压吹管时，由于每次吹扫的有效时间短，总的吹管次数多（多达百余次）；降压吹管对于锅炉是一种非常恶劣的非正常运行工况，不仅在每次吹扫过程中锅炉压力和汽温的变化率和变化幅度非常大，给锅炉厚壁承压部件带来较大的热应力及交变应力，而且吹管次数多会引起锅炉厚壁承压部件疲劳寿命损伤。特别是随着锅炉容量的不断增大和参数的不断提高，锅炉厚壁承压部件的壁厚也相应增大，其热应力和疲劳寿命损耗问题也更为突出。为了防止降压吹管对锅炉厚壁承压部件带来附加的热应力和过度的寿命损伤，必须限制吹管过程锅炉的温度变化幅度。

2. 稳压吹管方式

锅炉稳压吹管方式，即吹管过程维持锅炉蒸发系统压力不变进行的锅炉吹管，它对于锅炉系统是个相对稳态过程，在此过程中锅炉维持输入能量和输出能量之间的能量平衡以及给水量和蒸发量之间的质量平衡。因此，锅炉采用稳压吹管方式时，为保证吹管系统各处的吹管系数大于 1.0，必须达到吹管所要求的流量，一般吹扫时流量可达 50%左右额定蒸发量；每次吹扫时间可持续较长，吹管有效时间长，完成锅炉吹管所需的吹管次数少；锅炉投煤粉燃烧，至少投入三台制粉系统；吹管过程中锅炉的压力基本不变，汽温的变化率和变化幅度小，对锅炉厚壁承压部件带来的热应力较小；锅炉投粉燃烧并在较大热负荷下运行，使锅炉较早地经受大负荷的考验，可尽早暴露锅炉机组及其制粉系统在基建调试阶段存在的缺陷，提前消除缺陷，缩短机组整套启动试运工期，为机组的整套联合试运提供条件。但是采用稳压吹管时，锅炉必须投入煤粉燃烧，因此制粉系统等锅炉附属系统应具备投运条件，对设备安装进度及现场具备的条件要求高；对于采用中间再热的大型锅炉，吹管系统通常为过热器和再热器串接系统，再热器的入口温度等于过热器的出口温度，受限于部分低温再热器管材（管材为执行标准 ASME SA－210/SA－210M－2010 中的 SA－210C），需注意控制主蒸汽温度；锅炉吹扫时间持续长，要求的连续补水量大，对锅炉补水提出较高要求；稳压吹管蒸发量大，需投入汽动给水泵系统。

综上所述，蓄能降压吹管法由于吹管系统简单，现场容易实现，一方面，吹管时锅炉的汽温和压力变化幅度大，汽温的变化速率大，势必给锅炉厚壁承压部件带来较大的热应力及交变应力；另一方面，吹管的次数增多，相应的应力循环次数多，由此引起锅炉厚壁承压部件的疲劳寿命损伤。稳压吹管需投入系统多，但可使锅炉较早地经受大负荷的考验，可尽早暴露锅炉机组及其制粉系统在基建调试阶段存在的缺陷，提前消除缺陷，同时稳压吹管对于锅炉属于相对稳态过程，对锅炉承压部件损伤较小，吹管有效时间长。

目前，600～1000MW 等级的超/超超临界直流锅炉能实现稳压吹管的基本都采用了稳压吹管。结合《火力发电建设工程机组蒸汽吹管导则》（DL/T 1269—2013）推荐的实施方式，锦界电厂三期项目采用过再热器串联稳压吹管，同时为达到更好的吹管效果，中间穿插降压吹管。

四、吹管范围及流程

1. 吹管范围

蒸汽吹扫范围包括过热器，再热器，再热热段管道，主蒸汽管道，再热冷段管道，高低压旁路，主汽至轴封管道，吹灰的汽源管道，烟气再热器蒸汽加热器管道，汽动给水泵的汽源管道（采用辅助蒸汽吹扫，吹管期间汽动给水泵具备投用条件），过热器、再热器减温水管道（采用水冲洗）。

2. 吹管流程

（1）主汽、再热汽系统吹扫。主汽、再热汽系统采用串联蒸汽吹管法，用临时电动门控制，临时吹管电动门装设在主汽与再热冷段之间的临时连接管上，为防止杂物进入再热系统，要求在临时电动门后和再热冷段管道之间的临时管道加装集粒器。高、中压主汽门安装厂家提供的吹管堵板，以隔绝蒸汽进入汽缸，蒸汽从阀门阀盖经临时管路引出。吹扫蒸汽流程为：汽水分离器→各段过热器→末级过热器集汽集箱→主蒸汽管道→汽机高压缸主汽门吹管堵板→临时管→吹管临时电动门→临时管→靶板→临时管→集粒器→临时管→再热冷段→锅炉再热器→再热热段→汽机中压缸主汽门吹管堵板→临时管→靶板→临时管→消音器。

（2）高压旁路管道系统吹扫。高旁正式调阀安装时，应安装吹管用临时阀芯和临时盘根，吹管结束后再安装正式阀门构件。

高压旁路管路吹扫蒸汽流程为：分离器→各段过热器→末级过热器集汽集箱→主蒸汽管道→高压旁路管→高旁临时门→临时管→消音器。

低压旁路系统管道不参与吹管，吹管结束后将低旁调整门解体，并对阀体和管道进行人工清理，由监理单位组织进行验收检查。

（3）汽动给水泵进汽管道吹扫。汽动给水泵低压进汽管道应利用辅助蒸汽进行吹扫。机组吹管期间，汽轮机给水泵应全部调试完毕，具备正常投用条件。

（4）主汽至轴封高压供汽管道吹管。主汽至轴封管道吹扫安排在过热器、再热器、高旁吹扫结束后锅炉降压过程中进行，吹扫蒸汽压力控制在 20MPa以内。其中主汽至轴封调门缓装，吹扫时用调门前电动门控制，吹管排汽接临时管排放至安全地方。

主汽至轴封高压供汽管道吹管流程为：主蒸汽管道→主汽至轴封高压供汽管道→轴封高压供汽电动门→临时管道→消音器。

（5）吹灰汽源管道吹扫。吹灰管路系统在投运前必须用蒸汽进行冲洗，严格清除管内的杂物，冲洗过程应自上而下、分段进行。吹灰汽源母管减压阀和流量测量元件等暂不安装，用临时管道连接；各疏水温控阀暂不安装，通过临时手动门连接；安全阀不参加吹管，拆除阀门并用盲板封住法兰；减压阀后的止回阀也待冲管后安装；在分层冲洗连接吹灰器本体的支管时，应卸下吹灰器的连接法兰，并用铁皮封住吹灰器本体法兰，待冲洗后恢复。吹管时，电动门全开，用减压阀前的手动门控制。吹灰汽源管道吹扫安排在过、再热器第一阶段吹扫结束后锅炉降压过程中进行，吹扫蒸汽压力控制在20MPa左右，吹扫结束后恢复正式系统连接。

空气预热器吹灰汽源管道在吹管前必须采用辅汽进行吹扫，辅汽联箱至吹灰总汽源电动门断电，采用手动控制，炉侧所有阀门保持全开，将吹灰器根部法兰打开作为临时吹扫排放口，压力和温度等同于辅汽压力、温度。

（6）烟气冷却器蒸汽加热器管道吹扫。蒸汽加热器汽源取自辅汽联箱，管道调节门暂不安装，在蒸汽加热器母管管道出口接临时管外排，利用辅汽进行吹扫。

（7）过热器、再热器减温水管道冲洗。减温水和事故喷水管道采用水冲洗的方式进行清洗。过热器减温水和再热器事故喷水流量测量孔板和调整门先暂不安装，通过临时管连接，过热器减温水和再热器事故喷水在进减温器前断开，通过临时管引至地沟（或合适的排污地点）；另外，锅炉启动系统的暖管管路也采用水冲洗的方式进行清洗，暖管至一级减温器前的管道逆止门不安装，排放点根据现场情况确定。

水冲洗时间应安排在炉前管道冲洗期间进行，冲洗合格后恢复正式系统连接。在吹管时减温水和事故喷水以及暖管管路系统应具备投用条件。

五、吹管参数的选择

根据本次吹管锅炉的特点和其他同类电厂吹管的实际经验，在保证被吹扫系统各处吹管系数均大于1的前提下，本次主汽、再热汽稳压吹管参数初步确定为：启动分离器压力（5.0~6.0）MPa，过热器出口温度不大于450℃，再热器出口温度不大于520℃。穿插降压吹管时的主要参数：分离器压力（6.0~7.0）MPa、通常主汽温度380~420℃。

根据《火力发电建设工程机组蒸汽吹管导则》（DL/T 1269—2013）的规

定：吹管系统各处的吹管系数均应大于1。吹管系数按下式计算：

$$K = \frac{G_b^2 V_b}{G_0^2 V_0} \qquad (2-1)$$

式中 V_b——吹管时，吹洗管段的蒸汽比容，m^3/kg；

G_b——吹管时，吹洗管段的蒸汽流量，kg/s；

V_0——锅炉 BMCR 工况蒸汽比容，m^3/kg；

G_0——锅炉 BMCR 工况蒸汽流量，kg/s。

六、吹管需投运的系统和设备

由于过、再热器稳压吹管较降压吹管要求的条件高，必须投运较多的系统和设备。

1. 锅炉侧吹管需具备投运条件的系统

锅炉启动系统、两套等离子点火系统、疏水和排空系统、烟风系统、制粉系统（六套制粉应均完成冷态试运，具备投运条件）、输煤系统、空气预热器及其吹灰系统（包括辅汽吹灰、消防及冲洗、火灾报警系统）、启动及汽动给水系统、过热器减温水系统、再热器事故喷水系统、灰渣系统、电除尘器系统（含湿除）、炉管泄漏报警、烟温探针和火焰电视监视系统，PCV 动力释放阀、暖风器系统等，锅炉基本具备整套启动的条件。

2. 汽机侧吹管需具备投运的设备及系统

凝结水系统、电动给水泵组、汽动给水泵组、给水系统、除氧器及辅汽加热、润滑油系统、发电机密封油系统、顶轴盘车系统、汽机侧疏水系统、汽机房污水和污油排放系统、真空系统、轴封系统、辅机循环水系统、空冷凝汽器系统，汽轮机空冷系统具备热态冲洗条件（具体要求详见空冷调试措施）。

3. 仪控系统吹管需具备投运的设备及系统

与本次吹管相关的 FSSS 系统和相关设备；投运的辅机联锁、保护试验合格；炉膛压力控制，分离器、热井、除氧器水位控制等均投用正常；参与吹管过程控制的参数指示（分离器水位、汽水系统压力和温度、过热器、再热器壁面温度等）投用；与投运辅机及系统相关的所有 SOE 记录功能已具备投用条件；所有投运设备和系统的联锁、保护投入，定值整定正确；吹管所需连续监测、采集的汽温、汽压等参数已经可靠投入，并满足测量、计算要求；光字牌报警、事故音响能正常投运。

4. 化学侧吹管需具备投运的设备及系统

化学制水及补水系统、化学加药及汽水采样系统、凝结水精处理系统、化学监督用仪表装置，其中精处理系统必须完成调试工作，且经过水压检验严密性，前置除铁过滤器建议采购国产启动滤元，待整套启动时在更换正式滤元。

5. 公用系统吹管需具备投运的设备及系统

压缩空气系统、辅机冷却水系统、废水处理系统、消防系统、服务水系统、辅助蒸汽系统、暖通空调系统。其中辅助蒸汽参数在流量 130t/h 时主要参数应不低于 0.8MPa/330℃，请建设单位及 EPC 总包单位对联箱来汽管道进行核算。

6. 吹管其他系统的要求

（1）调试单位提出吹管参数和工艺要求及吹管的过程的实施和运行指导；建设单位（EPC 总包）负责临时系统的设计及校核；施工单位负责吹管及相应的补水、排水、小机排汽、临时加固等吹管相关临时系统的购置、制作及安装；系统的设计，管道及附属系统的制作、安装、焊接工艺及检验应符合相关规范要求。

（2）化学制水系统能保证供给足够的合格除盐水。化学除盐水系统供凝补水、所有除盐水泵、临时补水系统具备投运条件、综合补水能力不小于 1000t/h，能满足蒸汽稳压吹管所需的水量、总供水量不小于 1000t/h。

（3）机组排水槽（空气预热器冲洗水池）应满足连续排水能力不小于 600t/h，以满足机组冲洗排水的要求。

（4）脱硝、湿除等具备通热态烟气的条件，除尘、脱硫正常投运。

（5）建议建设单位考虑给启动给水泵和汽动给水泵入口滤网增设旁路，实现入口滤网的在线切换，避免因为单滤网堵塞导致机组被迫停机或降负荷。

（6）锅炉启动疏水泵至凝结水箱管路在靠凝结水箱门前增设旁路及手动截止门及相应的排水管件至凝泵坑，实现冲洗水在线切换、以回收工质及热值。

7. 吹管临时设施的要求

（1）两个吹管临时电动门应为规格相同，工作压力不小于16MPa、温度不小于450℃、与主蒸汽管道通径相配的电动闸阀，阀门具备中间位置停功能、开关灵活、全开全关动作同步、全开全关时间少于60s，吹管临时电动门应在主控室内进行远方操作。为了防止吹管期间吹管临时电动门操作失效，吹管临时电动门必须具备手动开关阀门的操作平台和工具等条件。

（2）吹管电动门的旁路及其手动门规格为：公称压力不小于16MPa、温度为450℃、公称直径50mm。

（3）高压旁路临时吹扫门工作压力不小于16MPa、温度不小于450℃。

（4）高压主汽门临时堵板、临时短管和法兰设计压力应不小于10.0MPa，设计温度不小于450℃，临时短管应采用优质无缝钢管。

（5）中压主汽门临时堵板、临时短管和法兰设计压力应不小于4.0MPa，设计温度不小于530℃，临时短管应采用优质无缝钢管。

（6）高、中压主汽门的临时封堵装置必须安装牢固、严密，并应经隐蔽验收合格。

（7）集粒器设计强度满足蒸汽参数要求。设计压力不小于6.0MPa、温度不低于450℃；阻力小于0.1MPa；滤网孔径不大于12mm，主汽流不能直吹网孔，并有足够大的收集杂物的空间；多孔管外径要求与主汽管相同，厚度8～12mm，材质可与再热冷段管相同，孔眼不大于12mm，孔边间距3～4mm，孔沿管错列均布，孔眼总截面应不小于主汽管有效截面的6倍，孔眼屑片毛刺应清理干净，经验收后组装。

（8）集粒器水平安装，装有疏水管路。操作平台安装合格，气流方向正确。集粒器应靠近再热器安装。

（9）临时控制门前的临时连接管，设计压力不小于 10.0MPa、温度不低于 450℃，临时管道内径应不小于主蒸汽正式管道内径；临时控制门后至冷再临时管道设计压力不小于 6.0MPa、温度不低于 450℃。

（10）中压主汽门后临时管道设计压力应不小于 2.0MPa，稳压吹管时温度不小于 530℃；管道内径应不小于再热热段正式管道内径；应采用优质无缝钢管。

（11）临时系统管道以及消音器应采用合金钢材质，以确保满足蒸汽参数要求。

（12）临时管内部应清洁、无杂物，靶板前的临时管道在安装前宜进行喷砂处理。

（13）临时管道的安装、焊接工艺和检验方法及原则，要按正式管道的安装工艺进行施工。临时管道焊接焊口应进行 100%无损检测。

（14）长距离临时管道应有 0.2%坡度，并在最低点设置疏水。

（15）临时连接管及排汽管支吊架设计合理、加固可靠。承受排汽反作用力的支架强度应按大于 4 倍的吹扫计算反作用力考虑。保证能承受排汽时的反作用力，并不妨碍管道的热膨胀。

（16）在吹管临时系统各处管道的最低点装设临时疏水，疏水管单独引出至厂房外的安全地带排放。对于 P91 材质的高压主汽疏水管路，应采用两个正式阀门全开，在门后安装临时手动门，通过控制临时加装的手动门进行吹扫。

（17）靶板装置应位于便于拆装的安全地带，尽量靠近被吹扫正式管的末端，并距离弯头 4～6m。

（18）靶板检查器以及靶板应固定牢靠，保证不会在吹管期间被打飞，拆装靶板方便，在更换靶板时可保证工作人员的安全。

（19）靶板前、后临时管道及检查人员通道处的蒸汽管道应有临时保温措施，靶板装设处已有牢固的平台。

（20）吹管排放口装设消音器，应对消音器的材质、壁厚、焊缝工艺、通流面积进行全面检查，保证其在设计吹管参数工况下的安全、可靠。

（21）吹管排放口消音器水平安装，排汽区域应避开车间、厂房、电缆等

44

建筑物及设备，排汽口垂直朝向天空。为保证安全，消音器位置应避开周边建筑物及设备 30m 以上，否则需采取防护隔离措施。由施工单位根据现场建筑物及设备、道路等具体情况布置。在保证安全的条件下，为提高吹管蒸汽冲量而应尽量减少临时排汽管长度及阻力。

（22）高、中压主汽门堵板安装后，由监理人员组织验收合格。

七、关键技术环节

1. 补水和储水能力

分别对分离器处和高过出口的吹管参数选择及所需的流量进行核算，核算结果见表 2-5。

表 2-5 　　　　　　　　　　　吹 管 参 数 流 量 核 算

相关参数	分离器处（过热度暂定10）					过热器出口				
吹管压力 MPa	6.5	6	5.5	5.0	4.5	4.5	4.0	3.5	3.0	2.5
吹管温度℃	295	290	280	274	267	420	420	420	420	420
蒸汽量 t/h	789	755	720	686	650	866	814	798	736	670

注 1. 为保证吹管系数满足要求，实际吹管压力应根据临时系统阻力和机组燃烧等多方面的影响，视具体情况进行调整；

2. 考虑吹管和实际运行的差压、吹管期间的减温水量约为正常运行的 2 倍；

3. 从表中可知分离器 6.5MPa/295℃所需蒸汽流量为 789t/h，考虑约 200t/h 的减温水量，实际所需给水量在 989t/h 为稳压吹管所需的连续上水量。

4. 稳压吹管采用汽动给水泵上水，锅炉吹管流量通常为（45～50）%BMCR 主蒸汽流量，大约 1000t/h 左右，目前补水能力不足，可采取从除盐水箱加装临时补水管路到凝结水箱，满足需求。

2. 辅助蒸汽系统的输送能力

为了缩短冲洗时间、提高冲洗效果及高效的组织稳压蒸汽吹管，在试运期间对辅助系统提出以下要求，冲洗及吹管期间按 1000t/h、补水 20℃，温升 50℃，所需辅助蒸汽约 64t/h。汽动给水泵、暖通等系统用汽都是估算，可能会有偏差，在冬季吹管时，所需的辅助蒸汽量不应小于 130t/h，对二、三期联络管的输送能力进行核算，条件允许的情况下增加输送能力 150～160t/h。具体各项辅助蒸汽量核算如表 2-6 所示。

表 2－6　　　　　　　　　　辅　助　蒸　汽　量　核　算　　　　　　　　　　t/h

加热给水	汽泵调试	暖通	吹灰	汽封	合计
64	20	20	20	3	127

在 5 号机组调试期间完成对临炉加热管道的吹扫（可安排在杂用蒸汽吹扫时），确保在 6 号机组吹管时该系统能正常投运，以促进吹管工作更顺畅实施。

3. 机组排水能力

超临界锅炉的汽水品质是过程中的重点控制指标，对于新机组首次启动时冷热态冲洗时间和耗水量有系统的洁净程度决定，根据类似的粗略估计见表 2－7。

表 2－7　　　　　　　　　　机　组　冲　洗　耗　水　量

相关参数		空气预热器冲洗水池	凝结水箱
排放时间（h）	冷态冲洗	大约 8	大约 25
	热态冲洗	大约 3	大约 49
耗水量（t）	冷态冲洗	大约 6100	19000
	热态冲洗	大约 2300	37300

大量不合格的疏水通过疏水扩容器下的集水箱排放到空气预热器冲洗水池，每小时 500～700t，空气预热器冲洗水池容量为 400m³，两台冲洗泵的流量 100t/h，不能满足启动冲洗水外排，因此必须对该系统进行设计变更或补设：

（1）需采购临时泵及相应的管材，要考虑到热态冲洗时排水温度在 100℃左右，综合流量不小于 650t/h，具体选型和设计有设计院选型和设计。

（2）需确定正式的冲洗水泵及设施是否允许 90～100℃ 的水通过，否则应采取临时措施。

（3）可以考虑在进凝结水箱前加装三通，将不满足回收水质要求的疏水利用疏水泵及配套临时排放。

上述临时措施完好度保持至空冷岛热态冲洗结束、再恢复。

4. 汽动给水泵的排汽

由于给水泵汽轮机的排汽排入主机直接空冷系统,如不采取措施,在机组蒸汽吹管阶段,不可避免的热蒸汽会携带空冷系统的杂物进入凝结水系统、影响到凝结水的品质。因此,小机的排汽的凝结水不能直接进入凝结水系统,空冷岛冲洗措施要求的临时系统要在给水泵冲转前投用。

八、机组冷热态冲洗

凝结水系统、除氧器、给水系统、水冷壁、启动系统等在具备条件时,提前冲洗,能投加热的须投入加热。

1. 凝结水系统的冲洗

凝结水系统的冲洗是指除去凝汽器汽侧、凝结水箱、凝结水泵、凝结水管路、低压加热器水侧内的铁锈和杂质。

(1)操作步骤及主要技术要点。

1)利用凝补泵或临时补水泵对凝结水箱进行冲洗,利用启动放水进行外排。

2)初次启动时系统内的杂质比较多,为防止杂物堵塞凝结水泵滤网,应选择比较细的凝结水泵入口滤网,在初期要及时拆洗,两台凝泵切换冲洗,初期一般 2h 左右清洗拆换一次,根据具体情况可适当调整拆洗滤网时间,用滤网前后差压来判断清洗时间。

3)在冲洗初期要避免滤网损坏引起杂质进入凝结水泵导致振动或卡住的情况。拆洗时注意检查滤网的完好程度,要勤拆洗更换。

4)凝结水水质未达到精处理除盐投运要求时,凝结水通过 5 号低压加热器启动放水直接排放,当凝结水泵出口 Fe 浓度小于 1000μg/L(根据精处理进水要求确定),投入精处理循环除铁。

(2)主要步骤。

1)通知化学,凝结水系统准备清洗。

2)凝结水系统的冲洗:先冲洗旁路,后冲洗加热器,从 5 号低压加热器出口排放。

3）确认除氧器入口水质达到 Fe 浓度小于 200μg/L 合格后，向除氧器上水。

2. 除氧器冲洗

（1）开启除氧器至汽机疏水扩容器放水门。

（2）除氧器排水水质达到 Fe 浓度小于 200μg/L，关闭除氧器至汽机疏水扩容器放水门。

（3）凝结水系统及除氧器清洗完成后，投入凝结水精处理。

（4）除氧器清洗完成后，投入除氧器加热，准备向锅炉上水。

3. 给水系统冲洗

（1）上水前通知化学人员制水，加药系统应投运正常。

（2）锅炉在进水时除氧器须加热，尽量提高给水温度到 120℃左右。锅炉给水与锅炉金属温度的温差不许超过 111℃。

（3）上水前检查锅炉给水流量指示为 0t/h。

（4）储水箱高水位 1m 跳闸保护投入。

（5）开启给水旁路调节门前电动门，适当开启给水旁路调节门。

（6）启动电泵或汽泵。

（7）调整出口压力、给水旁路调节门，以 10%BMCR（210t/h）左右的流量上水，投入给水 AVT（除氧）运行方式。

（8）锅炉金属温度小于 38℃且给水温度较高，锅炉上水速率应尽可能小。

（9）给水泵入口水质达到 Fe 浓度小于 100μg/L，高压加热器水侧切至主路。

（10）储水箱见水后，放慢上水速度，加强监视。通过调节给水流量和水位调节阀，对贮水箱水位取样管进行冲洗、投运，对水位保护进行试验。

（11）待水位正常后，逐渐加大给水量到 30%BMCR（620t/h 左右，省煤器入口流量），控制贮水箱高水位（0～2036m），将贮水箱水位控制自动投入。

（12）关闭省煤器出口放空气门。

（13）锅炉上水完毕后，全面抄录锅炉膨胀指示一次。

4. 锅炉冷态开式冲洗

（1）调整锅炉给水流量 620t/h 左右，锅炉进行变流量冷态清洗，清洗水排锅炉疏水扩容器，检查调节阀自动是否正常，流量的变化范围在 600～1000t/h（结合给水温度、排水能力、泵运行方式）。

（2）在冲洗的过程中尽可能提高给水温度，以改善冲洗效果。

（3）冷态冲洗大量水外排，就地监视废水的外排能力，若能力不足，减少冲洗流量，或间隔冲洗。

（4）当启动分离器排水水质达到 Fe 浓度小于 1000μg/L 时，冷态开式清洗完毕。

5. 锅炉循环冲洗

当 Fe 浓度小于 1000μg/L 时，关闭排至空气预热器冲洗水门，待疏水箱水位正常后启动疏水泵对至凝结水箱管道进行冲洗，当启动分离器或储水箱出口水质 Fe 浓度小于 200μg/L 时，冷态循环清洗完毕。

6. 锅炉热态冲洗

（1）维持 30%BMCR 以上流量进行大流量冲洗。

（2）控制锅炉点火后的升温升压曲线，使启动分离器入口温度上升到 190℃左右，保持启动分离器入口温度在 190℃进行热态冲洗。锅炉开始热态清洗，联系化学取样化验启动分离器疏水水质。

（3）启动分离器出口水质 Fe 浓度大于 1000μg/L 时将水排至空气预热器冲洗水池。

（4）启动分离器出口水质 Fe 浓度小于 1000μg/L 时启动锅炉疏水泵，将水导入凝结水箱，进行循环冲洗。

（5）热态冲洗期间注意检测启动分离器或储水箱出口水质 Fe 浓度小于 200μg/L 时，锅炉热态清洗结束。热态清洗完毕后，继续升温、升压。

九、锅炉首次冷态启动

由试运指挥部组织首次启动各条件的检查，满足要求后，下达锅炉点火的指令。

调试单位根据实际情况，决定制粉系统的投运数量、顺序，合理地安排煤仓的上煤时间和上煤量。

锅炉首次启动要特别注意监视各部膨胀情况，安装及运行要有专人记录膨胀。锅炉上水前、上水后、压力在 1.0、3.0、5.0MPa 时分别记录膨胀指示器一次（记录时应尽量稳定汽压）。若发现有碍膨胀时应暂停升压、升温，待处理完毕，才可继续升压、升温。

锅炉启动后，要用辅汽对空气预热器进行连续吹灰，以防止启动阶段煤粉在空气预热器受热面上沉积而烧损空气预热器，确保吹灰器阀前蒸汽压力达到 0.8MPa 左右，温度 280℃ 左右。

在增加燃料量的过程中要注意观察启动分离器水位，在锅炉水冷壁汽水膨胀时要停止增加燃料量，待汽水膨胀结束，汽水分离器水位恢复正常后再增加燃料量。

控制受热面升温速度不大于 5℃/min。监视水冷壁、过热器、再热器金属壁温。分离器压力达到 0.2MPa 时，关闭分离器放汽阀，确保水循环稳定。在分离器压力达到 0.5MPa 前，燃烧率不能增加。

过热蒸汽压力达 0.2MPa 时，关闭过热器放汽阀，主要根据过热度判断是否需要关闭疏水及排空阀。需要特别注意的是：过热器、再热器内如果存有水压试验的积水时，在存水完全排出前，控制磨煤机最小允许出力运行，待水全部排出（主要判断依据：壁温基本无偏差、均匀升高，蒸汽过热度大于50℃）后，可适当调整燃烧。

在升温升压期间，过热器、再热器无足够蒸汽冷却时，控制燃烧率，控制炉膛出口烟气温度不大于 538℃，注意监视水冷壁、过热器、再热器各部金属温度不可超过报警值。

启动分离器压力升至 1.2MPa 时，开临时控制门旁路进行暖管。暖管时应检查管道的膨胀和支吊架的受力情况，发现问题及时汇报处理。

锅炉启动分离器升压至 2、4、5MPa 时，分别进行三次试吹，吹管门关闭后，要进行全面检查，尤其对汽水系统（包括吹管临时系统）的严密性及膨胀变形情况进行检查，发现异常及时处理。在确认系统安全可靠、工作正常后，升温升压过程中缓慢开启临时吹管门至全开，开门过程中逐渐增加锅炉热负荷保持汽温汽压稳定，在此过程中对锅炉系统进行全面检查（带压），尤其对吹管临时系统的严密性及膨胀变形情况进行检查，发现异常及时处理。

在有蒸汽流动时，根据实际情况及时试投减温水并调整流量，保证过热蒸汽温度在措施规定的范围内。

1. 锅炉升温升压中的注意事项

（1）锅炉点火后应打开包墙下集箱疏水阀进行排水，确保无积水后方可关闭。

（2）再热器无足够蒸汽冷却以前，应严格控制炉膛出口烟温小于538℃。

（3）当炉水接近沸腾时，应特别注意汽水膨胀现象。推荐采用贮水箱水位控制阀投自动的方法控制贮水箱水位，或根据给水流量情况适当降低给水流量。如上述方法不能及时调整贮水箱水位，应适当减少燃烧率以控制分离器水位在正常范围内。

（4）应严格控制锅炉各点金属壁温不超各系统报警值。

（5）在整个升温过程中各受热面介质升温速度应满足以下条件：

1）温度在0～200℃时，升温速度小于5℃/min。

2）温度在200～400℃时，升温速度小于3℃/min。

3）温度在400℃以上时，升温速度小于2℃/min。

4）当过热蒸汽流量建立，后烟井下联箱疏水阀关。

5）当过热蒸汽温度过热度超过50℃，蒸汽流量建立，关过热器分隔屏放气阀，燃烧率可以增加。在蒸汽流量达到10%BMCR以前，燃烧率维持炉膛烟温探针显示温度必须不大于538℃。

2. 汽水膨胀时的操作要点

从冷炉点火到锅炉的压力和温度达到稳压吹管汽水膨胀期里，在启动初期，分离器水位比较稳定也比较容易控制。但是随着燃料量的增加，炉膛热负荷逐步提高，水冷壁下部的部分锅炉水开始变为蒸汽，比容比水大很多的蒸汽将会造成水冷壁内部局部压力升高，后部的水被挤压出去，这就使锅炉出口工质流量大大超过给水流量，从而造成分离器的水位突然升高，即所谓汽水膨胀期。因此，在汽水膨胀期内应该密切监视分离器水位，并及时调节以防止分离器满水或断水。锅炉"汽水膨胀"期间，当水位太高、不必减少主给水流量时，分离器储水箱液位投上自动，在阀门全开仍不能调节过来时，方可逐步减少主给水流量等方法调整。一般情况下变化并不明显。

3. 锅炉由湿干态转换操作过程

对于直流炉来讲，为了确保水冷壁在低负荷时有效的冷却，通过水冷壁的流量不能小于某个值（30%BMCR 暂定），即最低直流负荷。当机组启动和停炉时，启动系统投入使用，由于启动系统要经历不同的运行状态，故须采用不同的控制方式，且能平稳，自动地切换。

（1）锅炉转入干态运行技术。

1）锅炉给水自动控制分离器水位负荷逐渐增加，一直到纯直流负荷方式后切换到温度自动控制方式的过程：吹管时的湿态转干态是在吹管压力下（分离区压力在 4.5～5.5MPa 左右，根据实际情况来定）

2）储水箱水位投自动。

3）省煤器入口的给水流量保持在 30%BMCR 暂定；当燃料量逐渐增加时，随之产生的蒸汽量也增加，从分离器下降管返回的水量逐渐减小，分离器入口湿蒸汽的焓值增加。

4）分离器入口蒸汽干度达到 1，饱和蒸汽流入分离器，此时没有水可分离，锅炉给水流量不变。

5）给水流量仍不变，燃烧率继续增加，在分离器中的蒸汽慢慢地过热。此时增加的燃烧率不是用来产生新的蒸汽，而是用来提高直流锅炉运行方式所需的蒸汽蓄热。在蒸汽稳压吹管阶段一般控制分离器出口蒸汽的过热度在 10℃左右，不宜过高或过低。

6）锅炉压力通过逐渐开大吹管门调整、保持基本不变，进一步增加燃烧率、给水量直至满足吹管要求。

7）锅炉吹管期间不投入启动系统暖阀、暖管系统。

（2）锅炉转入干态转湿态运行技术。

1）锅炉同时减少燃烧率和给水流量。

2）给水流量达到最低直流负荷流量、保持给水流量不变，燃烧率继续减小，在分离器中的蒸汽过热度降低，分离器中开始积水，水位控制开始动作，水位控制阀自动调节水位。

十、吹管过程的控制

1. 过热器再热器串联稳压吹管

（1）当启动分离器压力升到 0.5MPa 时，稍开临时吹管电动门进行暖管疏水，并检查疏水是否通畅。

（2）当启动分离器压力升到 2.0～2.5MPa，温度达到 300～350℃时，开吹管临时电动门进行第一次试吹，试吹完成后，需进行全面检查，尤其要对汽水系统（包括吹管临时系统）的严密性及膨胀变形情况进行检查，发现异常及时处理。在确认系统安全可靠、工作正常后，方可继续升压。

（3）分离器压力升到 4.0MPa，温度达到 300～350℃时，开吹管临时电动门进行第二次试吹，当压力降至 2.5MPa 时关闭吹管临时电动门，吹管门关闭后，要进行全面检查，尤其要对汽水系统（包括吹管临时系统）的严密性及膨胀变形情况进行检查，发现异常及时处理。

（4）在分离器压力升到 5.0MPa，温度达到 350～400℃时，进行第三次试吹，试吹完成后，要进行全面检查，在确认系统安全可靠、工作正常后，方可继续升压。

（5）当启动分离器压力升至 6.0～7.0MPa（初定，根据实际吹管情况进行调整），主汽温控制在小于 450℃时，进行三次降压吹管，检查吹管系统有无异常。

（6）在三次降压吹管完成并确认系统安全可靠、工作正常后，锅炉继续升温升压。当蒸汽吹管参数接近吹管参数时（过热器出口压力为 4.1～5.5MPa）逐渐开启吹管临时电动门，并逐渐增加燃料量和给水量，开门过程中逐渐增加锅炉热负荷保持汽温汽压稳定，在此过程中对锅炉系统进行全面检查，尤其对吹管临时系统的严密性及膨胀变形情况进行检查，发现异常及时处理。

（7）当吹管临时电动门全开后，调整燃料量和给水量，保持分离器出口一定的过热度，在各段吹管系统满足《火力发电建设工程机组蒸汽吹管导则》（DL/T 1269—2013）要求时，稳定锅炉燃烧，维持主汽压力、温度稳定，视化学补水情况确定稳压吹管时间，每次吹管时间大致在 30min 左右。

（8）在每次稳压吹管结束时，降压至单台磨运行，安排 5～10 口的降压吹管。

（9）在第三阶段稳压吹管后期根据现场情况需要打靶确认吹管质量时，安装好靶板，迎着蒸汽气流方向打靶 5min 左右，检查靶板是否合格。

（10）过再热器稳压吹管合格后，锅炉降压至 4.0MPa，温度小于 410℃，对高压旁路管道进行吹扫 2～3 次。同时对高旁、低旁的暖管管路进行吹扫。

（11）每次吹管结束后锅炉灭火，进行一次大于 12h 的大冷却，并进行集粒器清理工作。为加快炉本体系统的清洁速度，应进行带压放水，放水压力一般控制在 0.5MPa。

（12）重复主蒸汽、再热蒸汽系统串联稳压吹管的操作步骤，打靶合格后主蒸汽、再热蒸汽系统吹管结束。

（13）主蒸汽、再热蒸汽系统吹管结束后降压至 4.0MPa，温度 410℃，再次对高压旁路蒸汽管道吹扫 2～3 次。锅炉降压至 2.0MPa 左右，利用余压对吹灰汽源管道进行吹扫直至合格。

（14）吹管工作全部结束后，在停炉冷却过程中，可参照电厂运行规程规定执行。当过热器压力降至 0.8MPa、启动分离器壁温小于 150℃时，关闭烟气系统有关挡板，打开水冷壁各放水阀和省煤器各放水阀，热炉放水，余热烘干，清理除氧给水和凝结水系统各滤网。

2. 吹管质量检查标准

（1）临时控制门开关时间不大于 60s，操作灵活可靠，动作一致。

（2）过热器出口和再热器出口应分别装设靶板。

（3）铝质靶板长度均不小于临时管内径，宽度为临时管内径的 8%且不小于 25mm，厚度不小于 5mm，长度纵贯管道内径；靶板表面粗糙度应达到 Ra100。

（4）过热器、再热器吹管系数均应大于 1。

（5）选用铝质材料靶板，应连续两次打靶试验合格，无 0.8mm 以上斑痕，且 0.2～0.8mm 的斑痕不多于 8 点。

十一、吹管工作与机组安装进度的关系

1. 总体进度要求

为尽可能减少二次锈蚀的形成，使启动过程中在较短的时间内水汽品质就符合超临界机组的要求，蒸汽吹管调试应安排在机组化学清洗后 20 天左右时间开始；蒸汽吹管完成后约 20 天开始机组整套启动。

2. 稳压吹管对安装进度的要求

（1）要达到稳压吹管时的蒸汽参数，锅炉燃烧率必须达到 45%BMCR 以上，用等离子辅助燃料点火启动最后必然过渡到全燃煤的燃烧方式。因此，上煤、输煤、制粉系统、除尘、出灰及排渣系统必须安装试转结束，至少能实现远方监控操作功能。上述设备及系统的安装必须在厂用电受电完成后尽早进行，之后至少能留 30 天左右的调试时间。

（2）稳压吹管的最大蒸汽流量达 45%～50%BMCR 工况流量，且须持续 15～30min，由于仅配置了 40%BMCR 容量的电动给水泵，单靠其无法满足流量要求，为此，必须投入汽动给水泵组，吹管前汽动给水泵及其汽源、盘车、真空系统及其保护、仪控装置必须安装结束，并给予 20 天左右的调试时间。为了满足这一要求，通常耗时较长（约 60 天）的汽机油冲洗宜在厂用电受电完成后尽早进行。

（3）鉴于超临界机组吹管的特点和水汽品质的要求，吹管期间将消耗大量的锅炉补给水。化水处理系统必须具备相匹配的制水、输水能力，其再生工艺的自动控制功能也应初步调试完成投用；凝结水精处理前置过滤器装置应在化学清洗结束即予调试，使能达到手控操作的水平。所以，它们的安装调试进度均应充分考虑。

3. 吹管安全环境控制措施

（1）所有运行人员具备上岗条件。并必须熟悉吹管系统、设备及相应的操作，认真学习并掌握吹管要点。

（2）在吹管过程中，各单位参加吹管人员必须坚守岗位，发现问题及时汇报调试人员及当值值长。

（3）排汽口应加装消音器，消音器位置尽可能远离附近建筑物及设备，排放汽流区域应避开建筑物及设备，消音器位置由施工单位提出，并经建设、总包、监理、调试、生产单位共同确定后实施。

（4）调试现场应场地清洁，照明良好，通信畅通，现场无易燃易爆物品，无关人员不得进入调试现场，有碍试转工作的脚手架全部拆除。

（5）试运范围内的扶梯、栏杆要完好，孔洞要做好防护措施。

（6）临时管道应加装保温，靠近吹管临时系统的电缆、表盘要采取保护措施。

（7）吹管现场必须配备足够的消防器材，吹管期间，施工单位安全、保卫、消防和医务人员应现场值班。

（8）施工单位应在吹管临时管道、消音器周围（要求消音器顺汽流方向约 100m）的危险区域设置明显的警戒线和警示牌，并安排专人值守，有关安全警戒区域，根据现场具体情况本着尽可能扩大的安全原则由试运指挥部组织参建各方进行确定。跨越临时管道处必须搭设临时过桥。吹管系统及附近区域不得开展任何施工作业，吹管期间除值班的巡检人员外，其他无关人员不得靠近警戒线内。每次吹管过程中在吹管临时系统及排汽口附近一切人员不得靠近，吹管时严禁在排汽口汽流喷出方向危险区域有任何人停留。

（9）每次吹管前暖管、疏水一定要充分，严防水冲击。

（10）吹管时疏水集中排放至厂房外地沟，避免污染环境。

（11）吹管燃煤期间，应及时投入电除尘器运行，减少烟气的粉尘排放量。

（12）吹管前调整施工作业区域，停止危险区域的工作，尽量避开午夜吹管，控制吹管噪声。

（13）蒸汽吹管期间应严密监视并维持储水箱水位，避免储水箱满水、缺水。

（14）所用临时管的截面积应大于或等于被吹扫管的截面积。热段临时排气管，在选择与热段管等径有困难时，可选用总面积大于热段管截面积 2/3 的临时排气管。临时管应尽量简短以减少阻力。在临时管的必要部位装疏水阀及疏水管路。

（15）吹扫过程中，至少安排 2 次 12h 以上的停炉冷却，冷却过热器、再热器及其管道，以提高吹扫效果。在吹管结束后大冷却期间应清理集粒器中杂物。

（16）在升温、升压以及吹管过程中，水冷壁、启动分离器及受热面壁温应控制在锅炉说明书规定值内，在再热器干烧时应控制炉膛出口烟气温度小于 538℃。

（17）在吹管期间，应注意除氧器加热的投入，锅炉给水温度应不低于 70℃。

（18）在吹管过程中，应按化学要求控制水质。

（19）吹管过程中应加强锅炉燃烧调整，控制蒸汽压力、过热器出口温度、再热器出口温度不得超过本次措施要求的参数值。

（20）加强检查管路支吊架及临时管路加固情况，发现问题及时处理。

（21）加强检查有无蒸汽漏入汽机的现象，如发现蒸汽漏入汽机，应立即分析原因并采取相应措施。汽缸内壁温度测点应投用，以便监视汽机缸温。

（22）每一阶段吹管完成后，系统恢复时，立式管道严禁气体切割；水平管道切割时，一定要将渣物清理干净。

（23）锅炉点火吹管时，空气预热器应保持连续吹灰，确保吹灰器阀前蒸汽压力达到 0.8MPa 左右，温度达到 280℃ 左右，防止空气预热器发生二次燃烧。经常检查炉内燃烧情况，防止不完全燃烧。加强制粉系统的检查和监视，防止燃煤、煤粉自燃和爆炸。

（24）运行操作人员应做好充分事故预想，如给水泵故障、MFT 动作导致锅炉灭火等，应能够果断、正确地进行事故处理。

（25）吹管期间应发布安民告示，不宜进行高空作业。吹管时涉及污染、噪声等环保问题由施工单位申报，工程部（业主）协调解决。

（26）吹管期间监理、施工、调试、生产、建设等单位应派负责人在主控室值班，进行联系、指挥、协调。暖管、升温升压期间值班人员进行巡检、采样、现场操作、消缺等工作必须得到主控室各自带班负责人的同意，正式吹管前全部撤离至吹管警戒线区域之外。

（27）吹管临时系统的安全保障措施：吹管临时系统在建设单位组织各方初步确定吹管总体方案后，由施工单位组织有资质的强度校核部门进行计算，确认系统管道和支吊架能够承受稳压吹管的温度和作用力；施工单位严格按图施工，编制临时系统施工方案，施工工艺及检查要求应按正式管道处理，并进行探伤检验，负责在吹管系统区域布置安全、警戒、防护等设施；监理公司组织对吹管临时系统的安装质量进行全面检查、验收签证；吹管过程中调试、运行人员严格按措施要求监视、控制蒸汽参数，并进行相应的调整，防止超温、超压。

（28）系统试运前，必须组织参与试运的各单位人员进行安全和技术交底。

（29）在吹管过程中，如发现下列情况应立即停止吹管，进行处理：

1）吹管临时管道因膨胀不足、支撑不牢而严重变形。

2）管道疏水不畅而发生水击现象。

3）临时控制门失调、卡涩。

4）吹管系统发生严重泄漏。

5）给水泵跳闸，且给水中断。

6）汽缸可能进汽，检查密封面。

7）其他未涉及事项按运行规程执行。

4. 吹管前或吹管过程应完成的 APS 工作

按照调试节点计划，在系统设备调试前 10 天，应完成 APS 的相关组态，在进行设备进行联锁传动试验时，完成 APS 的相关功能的仿真步序试验，并确定合理性。

（1）引、送风机一次风机联合试运前。

1）引风机油站启动功能子组。

2）送风机油站启动功能子组。

3）一次风机油站启动功能子组。

4）完成辅机循环水的 APS 启动工作。

（2）锅炉冷态冲洗前。

1）磨煤机油站油泵启动功能子组。

2）给水泵小机油系统程控启动功能组。

3）启动凝汽器补水功能组。

4）凝结水系统功能组。

5）除渣系统功能组。

6）空气预热器程控启动功能子组。

7）引风机程控启动功能子组。

8）送风机程控启动功能子组。

9）一次风机程控启动功能子组。

（3）锅炉首次点火前。

1）投运汽动给水泵功能组。

2）启动锅炉上水功能组。

3）投运 A 层等离子装置功能组。

4）启动 A 磨组启动功能组。

（4）稳压吹管的第二阶段点火时。

1）完成给水系统的 APS 启动工作。

2）完成制粉系统热态 APS 启动工作。

3）完成锅炉热态点火 APS 启动工作。

4）具备条件时完成机组建立真空的 APS 启动工作。

第四节　直接空冷系统深度调试技术方案

一、设备系统简介

陕西国华锦界电厂三期扩建工程 2×660MW 机组配套两台超超临界、直接空冷、纯凝式汽轮发电机组，机组冷端布置直接空冷凝汽器（air cooled condenser，ACC）系统，考虑到机组采用全高位布置对 ACC 的影响及小汽轮机直排空冷岛设计，每台机组 ACC 采用 8×8 的布置形式。

1. 空冷凝汽器

空冷凝汽器由双良节能系统股份有限公司设计与供货，采用 8×8 的布置方案，即每台机组由 8 列空冷凝汽器组成，每列空冷凝汽器有 8 个空冷凝汽器单元，其中 6 个为顺流空冷凝汽器单元，2 个为顺流、逆流混合空冷凝汽器单元。每列空冷凝汽器由 80 片管束组成，每侧有 40 片管束，空冷凝汽器单元两侧管束以约 60°角组成等腰三角"A"型结构。

锦界电厂三期项目选用单排管空冷凝汽器，基管尺寸为 220mm×20mm；基管为碳钢外包铝层复合管，翅片为铝翅片钎焊在基管上，无需热浸镀锌。主要特点为采用大直径的基管，管内蒸汽通流面积增大，有利于汽液的分离和防冻，管内和空气侧阻力较小，清洗较容易。

空冷凝汽器管束分为顺流管束和逆流管束。管束长度均为 9770mm，管束宽度共三个规格，其中 9770mm×2378mm 的顺流管束 528 片，规格 9770mm×1392mm 的顺流管束 16 片，规格 9770mm×2378mm 的逆流管束 96 片。

空冷机组单元尺寸为 11390×11770mm。5、6 号机组空冷平台之间间距为 3.38m。整岛平台高度为 45m，平台四周挡风墙高度 12.2m。

考虑空冷平台下需布置低压配电室、主变压器、厂高变压器等，钢平台采用桁架形式，两面悬挑，钢桁架下方混凝土支撑柱采用大跨距，即每台机组设 20 根混凝土圆柱。排汽管道采用高位布置。

2. 空冷风机

直接空冷系统的风机均采用大直径的轴流风机，风机电机采用变频调速。每台空冷机组共配置 64 台风机（顺流 48 台，逆流 16 台），风机电动机功率110kW，电压 380V，静压 86.7Pa。直接空冷系统的风机均为直径 9754mm的轴流风机，风机采用变频控制，使得风机能够在 30%到 110%的范围内调速运行。

变频调速风机能够比较方便快捷地适应气温的变化，使汽轮机运行处于相对稳定的状态；另外，由于变频调速是无级调速，运行曲线光滑，调速快，可保证机组冬季运行时，汽轮机运行在较低背压而不至于使散热器冻结，从而提高机组在冬季运行的经济性；夏季高温时段，风机可以110%转速运行，增大空冷散热器的通风量，有效降低汽轮机的运行背压，提高发电量。

3. 空冷凝汽器表面冲洗设备

锦界电厂三期扩建项目所处环境空气悬浮颗粒较多，且风沙较大，散热器表面容易附着污物，比如柳絮、焦油、沙尘、树叶等，特别是厂址附近可能存在炼铁、炼焦、水泥等高污染企业对空气的排放污染，当污物沉积到散热器后导致散热器散热性能受到下降的影响，在夏季有可能出现背压升高、出力下降的现象，初步考虑每年至少应对空冷凝汽器外表面进行3～4次常规清洗，将沉积在空冷凝汽器翅片间的灰、沙、泥垢清洗干净，保持空冷凝汽器良好的散热性能。在柳絮严重季节，或者翅片表面覆盖有焦油等较难清洗的污物时业主也可考虑采用一些特殊的预防手段和清洗方法。

每台空冷机组各配一套清洗装置，每套清洗装置设有两台固定式清洗水泵（一运一备），从水源接口到水泵入口之间采用柔性管道，从水泵出口到地面上各列处的高压固定管道应采用不锈钢管道，该清洗管道有一定坡度，不清洗时可放空；平台上每两列之间的街内及平台最外侧列靠近步道一侧均设置两个冲洗水接口（带阀门）；每一列凝汽器A型架两侧的管束上方均设置清洗装置底架，装置水平和竖向行走方向均为电动的方式。

清洗装置需要的清洗水水质为除盐水，水量约20t/h（两侧同时清洗），水源处压力为1～2bar（g）。空冷凝汽器热态和冷态均能够进行清洗。清洗时水压为80～90bar（g）。

4. 排汽管道系统

排汽主管道为1条直径DN8500mm、管外部装设加固环的焊接钢管，排汽主管道（管中心标高+49.22m）通过水平直管变径成8根DN3000竖直支管至空冷凝汽器顶部，与每列空冷凝汽器蒸汽分配管连接。

为了满足冬季防冻及运行维护需要，每台机组各设4套隔离阀，位于每台机组的第1、2列以及第7、8列。

排汽管道热补偿的设计，考虑原则是：排汽管道由于温度变化引起的位移由设置的补偿器吸收，其位移及作用在室外排汽管道上的风荷载、地震荷载等所产生的力和力矩，都不允许在汽轮机低压缸排汽装置出口、弯头、三通处产生不能承受的作用力和力矩。

5. 蒸汽分配管

蒸汽分配管位于管束顶部，是外部焊有加强环的焊接钢管。蒸汽分配管内部设有导流装置，蒸汽经蒸汽分配管均流至顺流换热管束。

6. 凝结水系统

凝结水管从空冷凝汽器每列逆流管束下联箱大小头处引出，在空冷岛平台区域汇成两根总管，与凝结水箱上凝结水管接口连接。凝结水水平管道有一定坡度，凝结水通过自重自流入凝结水箱。

7. 抽真空系统

抽真空系统由抽真空装置，以及所需的管道、阀门等组成。在逆流单元管束的上端联箱设抽气口，各列抽真空支管由抽气口引出，在空冷岛平台区域汇成 1 根总管，总管连接到水环真空泵。该系统用于将空冷凝汽器中不能凝结的气体抽出，以便保持系统的真空状态。不凝性气体中夹带的蒸汽部分在水环真空泵内凝结成水，不凝性气体经过分离器排入大气。该系统也同样要求严密不漏气，并且在运行过程中始终保持处于工作状态。

抽真空管道真空蝶阀的设置：在设置蒸汽隔离蝶阀的列相应设置抽真空管道电动真空蝶阀。

8. 疏水系统

疏水从排汽管道疏水接口自流进凝结水箱，疏水管道的水平段在沿介质流动方向有 0.5%的向下坡度。疏水管道均保温且室外部分设有伴热系统。

二、空冷系统调试过程中的特殊问题

1. 气密性试验

整个空冷系统安装完毕之后必须进行气压法气密性试验，以检验该系统的严密性。采用气压法进行气密性试验，试验压力 0.30bar（g）。参与试验系统包括汽轮机排汽主管道、排汽支管、蒸汽分配管、入口蒸汽蝶阀、蒸汽分配联箱、凝汽器散热管束、凝结水收集联箱、凝结水管道、抽真空管道及各管道阀门。

由于采用高位布置，受限于支撑结构强度限制，机组低压缸排汽管道无法进行灌高水位找漏工作，因此施工单位应该创造条件，对机组低压缸排汽管道进行气压法气密性试验，机组其他负压系统（凝结水箱、疏水扩容器、加热器疏水管道等负压系统），应创造条件进行灌水找漏工作。

2. 冬季防冻的问题

凝汽器在极端气候条件下运行时，凝结水结冰将会对管束、联箱和管路带来损害。当散热管束中工质流速低，流程阻力不均，易出现流量不均甚至阻塞现象；冬季环境温度低，如果排汽凝结放热量小于其管束对环境的散热量，排汽就会在散热管束内结冰，不能实现正常的汽水循环流动。可能阻塞空冷系统汽水工质的正常凝结和流动过程，造成低压排汽压力与空冷散热管束内压力偏差大，汽水工质失去热自拔能力，排汽管线和散热管束中出现涌水现象，局部出现水击现象和积水冰冻现象；处理不得当，可能因管道机械负载大和冲击振动以及大面积冰冻而造成设备损坏。

3. 环境风速的影响

环境风速较大时，当大风掠过空冷人字排时，一方面使空冷"A"字排下部吸风困难，另一方面使"A"字排上方被大风压制，造成热风回流，影响机组排汽正常凝结，造成机组排汽压力急剧升高，真空下降导致机组保护动作。

4. 散热面的清洗问题

空冷凝汽器普遍应用于我国北方干旱地区，气候条件比较恶劣，沙尘天气较多，ACC 冷却单元散热翅片间距较小，散热翅片表面不可避免地会存在积灰、积垢。一旦散热面发生积垢，则会使冷却空气流动阻力增加，换热效果变差，引起机组背压上升，使整个机组出力下降。所以需要定期对空冷凝

汽器进行清洗，保持散热面良好的换热效果。

5. 夏季运行背压高的问题

空冷汽轮机都有背压保护问题。由于夏季背压高、变化幅度大而频繁，背压异常引起的后果更为严重。为此，有必要采用先进的背压主动保护，且应实现保护自动执行。

6. 真空系统的严密性

直接空冷机组负压系统庞大，设备管道纵横交错，焊口、法兰和阀门数目较多，常规漏点众多，机组正常运行过程中，一旦负压系统发现泄漏问题，泄漏部位很难查找。空冷机组的真空严密性水平不但影响机组的真空状况，环境温度较低时，空冷系统内空气含量愈大，空冷凝汽器及管路愈容易产生冻结。

三、调试目标

在空冷系统安装工作结束之后，对空冷系统进行全面的调试工作，使空冷系统在较短时间内具备整套启动条件，并能安全、稳定地完成满负荷试运，同时，在试运阶段进行运行优化试验，最终达到最佳的运行状态。

（1）根据当地的气候特点，优化机组启动过程，并根据空冷机组的特性完善直接空冷系统的背压控制逻辑，增加空冷凝汽器冻结的提前判断，使空冷防冻性能进一步优化。

（2）保证直接空冷机组冬季滑参数启、停操作过程中不发生空冷凝汽器大面积冻结；合理地控制空冷凝汽器的运行方式，尽可能缩短机组启、停过程的时间。

（3）对空冷机组运行背压进行深入分析及对比试验，在保证空冷凝汽器不被冻结的情况下，尽量维持较低的经济背压，充分保证机组的安全经济运行，使机组处于最佳运行状态。

（4）通过优化机组的调试工艺，在保证调试质量的同时，最大限度缩短空冷系统热态冲洗的时间及整套启动的时间。

（5）调试过程中，通过对夏季运行工况进行深入分析，做到不出现机组出力受阻的现象。

四、调试要点

1. 直接空冷系统相关测点、阀门传动及逻辑优化

（1）直接空冷系统相关测点设计安装应满足空冷系统正常参数的监视要求，空冷有关测点基本要求如下：

1）凝结水和抽空气管路内部温度测点布置应合理，能准确反映介质的真实温度变化情况，以便准确判断管道及管束内介质是否发生冻结。

2）汽轮机背压测点应能准确反映真实背压，传压管不能有积水及冻结现象。

3）排汽温度及凝结水温度测点布置应合理、准确显示，并在 DCS 画面增加凝结水过冷度参数。

（2）系统所有阀门动作准确、严密不漏。安装过程中应对阀门严密性加以验证。

（3）直接空冷系统逻辑应满足空冷凝汽器冬季防冻的要求，增加管束冻结的提前判断。

（4）增加背压突降机组降负荷逻辑，尽量避免背压高跳机的风险。

（5）空冷风机夏季可超速运行，根据空冷风机电流调整叶片角度。

2. 空冷凝汽器气密性试验

整个空冷系统安装完毕之后必须进行气压法气密性试验，以检验该系统的严密性。采用气压法进行气密性试验，试验压力 0.30bar（g）。参与试验系统包括汽机排汽主管道、排汽支管、蒸汽分配管、凝汽器散热管束、凝结水收集联箱、凝结水管道、抽真空管道。

空冷系统安装过程中，要保证严格的焊接工艺，保障每一道焊口严密不漏，这样才能保证气密性试验结果合格，如果试验不合格，也可进行分段试验，减小查漏范围。在机组运行时空冷系统发生泄漏，漏点查找将非常困难。

3. 空冷风机试转步骤

（1）投入风机保护。

（2）确认风机转向正确。

（3）设定风机转速分别为 25%、50%、75%、100%、110%进行试运，检查风机运转情况，记录不同转速下的电流值。

（4）测定不同转速下的风机振动值。

（5）风机 100%和 110%转速分别连续运转 2h，逆流风机正向运转后再反向运转 2h，记录有关参数。

（6）根据风机试转电流或风压进一步调整风机叶片角度，以达到最高效率。

4. 真空系统抽真空

不投入轴封的情况下，对整个真空系统（包括空冷凝汽器和排汽管道）试抽真空。

投入轴封，打开抽真空旁路阀，同时运行 3 台真空泵抽真空，真空建立后关闭抽真空旁路阀。发现真空泵出力明显下降时，应及时清理真空泵临时滤网，运行一段时间后可拆除临时滤网。

5. 空冷系统热态冲洗原则

（1）空冷系统的所有配汽管道及换热管束由于与空气接触，会在内表面生产铁锈，此外现场安装工作会导致系统内残留焊渣和尘垢，这些对系统正式运行都将带来不利影响，如滤网堵塞、凝结水铁含量超标、精处理装置故障等，影响机组正常出力。因此，在空冷系统安装和调试最后阶段，必须对整个系统进行热态清洗。

（2）在安装的最后阶段，整个排汽管道内必须进人手工清洗，应将所有的残屑和焊渣清除干净。在封闭凝汽器管束下端凝结水管道端板之前，应采用高压水流，比如消防用水将其中的尘垢冲洗干净。在进行空冷系统的热冲洗之前必须严格进行此项工作。

（3）为了提高空冷凝汽器的清洗效果，应尽量加大蒸汽流量。凝结水箱需要接临时补水系统，保证凝结水供应充足。为了增大冲洗流量，清洗过程应逐列进行，利用压降大、流量大的原理，各列凝汽器依次循环进行清洗。清洗某一列空冷凝汽器时，该列单台风机和若干风机保持运行状态，投入运行的风机数量取决于环境温度和蒸汽流量，其他列风机一般停运，仅用于调整背压。清洗列风机尽量维持高转速，从而提高清洗列空冷凝汽器的清洗流量，同一列风机交替运行，使该列凝汽器各单元随风机转速变化而产生温度变化，有利于增强清洗效果。

（4）由于热态清洗过程中，凝结水不能进凝结水箱，空冷凝结水管道在进入凝结水箱前断开，并接临时管道外排，外排冲洗水需配备一个废水收集池（能承受80℃的水温）。热态清洗开始之前，将废水收集池充满水；在热态清洗过程中，凝结水先被排放到废水收集池，再经管道溢流到污水井。热态清洗过程中，空冷系统处于真空状态，临时放水管路必须浸入到废水收集池的水面以下，避免系统真空被破坏。

（5）冬季冲洗时，保证空冷凝汽器最小防冻流量，避免空冷凝汽器及临时管路冻结。由于清洗过程中环境温度较低，可停运清洗列逆流风机，如抽真空温度及凝结水温度不回升，则将逆流风机反转。为保证清洗过程中相邻组凝结水管束处于较高温度，相临列逆流风机可采用逆流方式，保证不冻结。清洗过程中应严密监视各列凝结水温度及抽真空温度，当某一列凝结水温度及抽真空温度下降较快时，应降低正在清洗的列的风机转速，相应增加防冻列的蒸汽流量，使该列凝结水温度及抽真空温度得以回升。在清洗过程中就地测试清洗凝汽器翅片管及抽空气管温度，当温度较低时适当降低相应风机转速直至温度回升。

五、冬季防冻及运行优化

1. ACC冻结原因及运行优化建议

冬季环境温度低，如果排汽凝结成水的放热量小于其排汽管线对环境的散热量，排汽就容易在散热片内结冰，不能实现正常的汽水循环流动，空冷设备汽水工质的正常凝结和流动过程，严重时可能阻塞部分换热管束，使之发生变形，出现涌水现象，局部甚至出现水击和积水冰冻现象。

通过对冻结机理进行深入的分析与研究，结合机组实际运行过程，ACC冻结的原因，主要有以下几种：

（1）蒸汽流量过低。当环境温度低于水的冰点温度时，在机组处于空负荷或低负荷运行时，由于蒸汽流量较小，当蒸汽由空冷凝汽器进汽联箱进入冷却管束后，在由上而下的流动过程中，冷却管束中的蒸汽与外界冷空气进行热交换后不断凝结，凝结水在自身重力的作用下沿管壁向下流动，其过冷度不断增加，在到达冷却管束的下部（即冷却管束与凝结水联箱接口处）时达到结冰点温度，产生冻结现象。在冷却过程中蒸汽不断凝结并不断在冷却管束的下部冻结，就出现了北方地区进入冬季的"井口"冻结现象，使冷却管束与凝结水联箱接口处冻结，从而造成冷却管束内的蒸汽滞流，严重时冻坏冷却管束。

另外，即使空冷凝汽器内的蒸汽流量在设计值之内，如果运行调整不当，在冷却空气量过剩的情况下，同样也会出现冻结现象。由此可知，空冷凝汽器冷却管束的冻结由两方面原因所致：① 空冷凝汽器内的蒸汽流量低于其设计值；② 冷却空气量过剩。上述两方面原因出现的前提条件是环境温度低于0℃。所以对空冷凝汽器的防冻必须从控制蒸汽流量与冷却空气流量来实现。

在低负荷运行时，汽轮机的总体排汽量减少，相应地进入各列的进汽量也就减少，冬季环境温度较低，由于蒸汽量少，在蒸汽分配箱中的蒸汽一进入下部换热管中就会迅速凝结，凝结水在管束中向下流淌，因为换热管束裸露在温度较低的环境中，当管束上部的凝结水在向下流淌时温度就会越来越低直至结冻，管束内会层层结冻最终导致整个管束冻死。集水下联箱也会由于凝结水温度低而逐渐结冻。

如果某列的蒸汽分配管入口蒸汽蝶阀的严密性不好，在隔离该列时，会有少量蒸汽漏入蒸汽分配管中，致使空冷凝汽器管束出现大面积结冰，冻坏管束。

（2）排汽压力过低。每个抽真空设备均有最小压力限制，当排汽压力低于一定值时抽真空设备便不能抽出空气。除非汽轮机的背压要求较高，否则此最低背压必须在电厂运行中得到保证。这就意味着，当大气温度很低和或蒸汽负荷很小时，必须通过降低风机转速使凝汽器背压保持在规定值以上以便抽真空系统能可靠地将所有的非可凝气体和残存的蒸汽排出。在特殊的气候或蒸汽负荷条件下，采用自动控制系统更适合调速要求。在极端条件下，风机转速甚至会降低到零。即便是在所有风机停转情况下，凝汽器由于自然对流仍散发大量的热量。如果在最低的环境温度条件下，当蒸汽负荷小于一定值时，凝汽器的压力仍有可能低于抽真空设备的最小允许压力，应在蒸汽分配管道上安装蝶阀使空冷凝汽器可以部分列进汽运行，以减少蒸汽的散热面积。

解决此问题的有效途径之一：在冬季运行时，定期使逆流风机停转；通常每 4h 停转 5min。在这段时间内，未被冷凝的蒸汽可到达管束末端，并将这些在逆流管束顶端形成的絮状结冰在其达到一定厚度之前溶化。最好由空冷凝汽器的控制系统自动地进行此项操作。

（3）系统空气含量较大。环境温度较低时，空冷系统含空气量较大，空冷凝汽器及管路愈容易产生冻结。直接空冷系统由于散热面积比湿冷机组大得多，导致系统中的不凝结气体若不及时排出，将导致蒸汽汽流被不凝结气体阻塞，使蒸汽不能畅通地循环流动，不凝结气体在空冷器表面形成空气障，在那里造成管束中空气的大量聚集，从而影响到蒸汽接触冷却表面，降低空冷散热片的传热系数，冷凝效果相应下降，使凝结水温度偏高，排汽压力始终在高背压下维持。如果冷却风量和蒸汽系统有大的扰动情况出现，排汽压力将会突然升高，严重时有可能造成停机。这种情况不能依靠调整风量来改善，只能通过抽出空气，改善换热条件，使机组稳定运行。

在空冷系统进汽前，机组尽量维持低背压，一般控制低于 10kPa，机组抽真空过程中保持 3 台真空泵运行，抽真空结束保持 1 台真空泵运行，如 1 台真空泵不能维持低背压，则表明漏入真空系统空气量较大，应查找真空系统漏点。

系统开始抽真空时，应开启所有抽真空设备，空冷系统通蒸汽前，尽量维持低背压。当空冷凝汽器压力达到 15kPa（暂定）左右时，关闭机组的蒸汽隔离阀（4 套蒸汽隔离阀）以及对应的凝结水管道隔离阀，同时保持各列的抽真空管道隔离阀为打开状态。允许进入 10%～20% 的蒸汽流量。在蒸汽进入凝汽器期间，空冷凝汽器内压力有所升高，应控制锅炉的温度和压力缓慢升高，使系统内的空气能够比较顺利地排出。此时两台真空泵继续运行，抽取空冷凝汽器内剩余的空气。当空冷凝汽器压力再次降低到 15kPa 左右（暂定）时，并且，当所有凝结水出口水温开始升高并高于环境空气温度时，说明空冷凝汽器内空气已被排出，关闭两台真空泵，保持正常工作抽气状态。当汽轮机开始带负荷时，随着负荷的增加，每个单元风机从逆流到顺流、从中间单元向外依次启动，并且根据汽轮机背压和当时环境空气温度控制风机转速，直至全部投入。通蒸汽后应快速将蒸汽流量提高至高于最小防冻蒸汽流量。高低压旁路投运前，应注意观察锅炉蒸发量不应太低，至少有一套制粉系统处于运行状态。

2. 防冻措施

空冷机组冬季防冻主要围绕 ACC 的最小进汽量来进行，采用高中压联合启动的方式，在满足汽机、锅炉升温、升压的安全要求下，尽量加快燃烧，使空冷机组在短时间内有足够的进汽。空冷系统开始进汽后，进汽量必须达到其额定汽量的 10%~20%，同时注意每一个凝结水温度、抽气温度测点的变化。如果长期偏离所对应的饱和温度甚至低于 0℃，则应降低风机转速或增加进汽量，否则会有冻结的危险。

冬季保护（风机减速或停止）在风机手动和风机自动模式均激活。风机重新启动只在风机自动模式激活；即如果在手动运行模式中通过冬季保护停止风机，相关的风机不会自动启动。冬季保护的目的是防止空冷凝汽器在冬季运行期间因发生过冷而导致翅片管冻结的现象。如果下联箱凝结水温度过冷，顺流凝汽器防冻保护将启动；如果抽真空管温度过冷，逆流凝汽器防冻保护将启动。

冬季工况下，空冷凝汽器的防冻保护包括顺流管束单元的防冻保护、逆流管束单元的防冻保护、逆流管束单元的回暖运行。防冻保护的优先级别从高至低依次为顺流管束单元的防冻保护、逆流管束单元的防冻保护、逆流管束单元的回暖运行。

（1）停运 ACC。当由于某种原因，机组不能增加燃烧，ACC 的进汽量小于最小防冻流量时，如在 2h 内不能恢复（期间严密监视 ACC 各温度测点，防止局部冻结），则应切断 ACC 的进汽；当不能切除进汽时应果断灭火停炉，查明原因后再重新点火，以免发生空冷冻结。

（2）风机启动条件。在空冷凝汽器进汽后，应根据背压、各列散热器联箱凝结水出口温度，以及各列抽空气温度等参数综合考虑后，再决定是否启动风机。

（3）主要控制参数及监视。在正常运行中，系统主要控制的项目是排汽压力，以及排汽装置内的水位监控。在汽轮机允许安全运行的范围内，根据机组的发电负荷（空冷凝汽器的热负荷）和空气温度，调整进入空冷凝汽器的空气流量（即调整风机转速），使风机保持在最佳运行状态。

当环境温度大于 2℃，排汽温度与左/右凝结水下联箱管道中的任一个管道中的水温的差值应控制在均小于 8℃，否则，凝结水温度过低（大于 15℃报警）；排汽温度与逆流管束抽真空管温度的差值应控制在均小于 8℃，否则，抽真空管温度过低（大于 15℃报警）。

（4）控制 ACC 温度偏差。根据直接空冷结构的特点和实际运行情况，散热器表面温差主要有空冷凝汽器各列由于热力和流量不均造成的温度偏差；其次对应于同一列两端及相邻管束表面也会由于热力和流量分配不均造成的温度偏差。冬季运行检查，必须对上述现象予以重视并严肃对待。

（5）启动初期的控制。在 ACC 进汽前，汽压与汽温的协调控制很重要，根据汽机冲车参数要求，必须调整好旁路，在空冷进汽过程中，要按锅炉升温升压曲线稳定快速提高参数，以满足 ACC 预暖和最小防冻流量的要求。

（6）ACC 进汽后的监视。ACC 进汽后，必须严密监视真空和凝结水系统，防止室外管束、容器发生汽水停滞甚至结冰现象，保证各空冷换热单元金属温度、凝结水温以及抽气温度稳步升高。如发现某处温度长时间保持不变或有降低趋势时，必须立即增加 ACC 进汽量，以避免由于汽流不均局部结冰；严密监视凝结水箱水位，当发现凝结水箱水位变化以及凝结水量与排汽量不相符时，必须立即检查空冷装置是否有结冰现象并增加 ACC 进汽量。

（7）环境温度较低时机组启动后的控制。空冷进汽初期，由于环境温度和排汽压力偏低，应尽快开大旁路，增大 ACC 的进汽量，机组尽快并网带负荷。监视 ACC 各列抽空气和凝结水温度，待各列凝结水温度、抽气温度大于 25℃后，视情况先后启动逆、顺流风机，条件成熟时，投入自动。有时各列管路阻力不均，则会出现某几列进汽，其他列不进汽的现象。使空冷散热器的总散热面积减少，严重时会影响机组的背压值，应注意及时调整。

（8）冬季最小防冻流量。如机组在短时间内不具备并网加负荷条件时，必须保证空冷进汽量高于最小防冻流量；如锅炉蒸发量低于最低防冻流量且 30min 内不能恢复，必须关小高旁，降低再热汽压力至 1.0MPa 以下，开启高再出口疏水门，关闭低旁，开启抽真空旁路阀，停止向空冷排汽。

冬季启动时，第一列及第八列隔离阀关闭。停运空冷凝汽器时，应检查蒸汽分配箱进汽蝶阀的严密性，确认进汽蝶阀关闭严密，防止入口蝶阀漏入蒸汽，致使空冷凝汽器管束出现大面积结冰冻坏管束。冬季滑停，当负荷降至一定值时，考虑投入旁路参与滑停。

（9）风机运行的防冻保护。当环境温度小于 2℃，当顺流凝汽器某列左、右侧下联箱任一凝结水温度小于 35℃，凝结水过冷报警，小于 30℃，过冷报警并触发顺流单元防冻保护；此时提高排汽压力设定值 3kPa，15min 后，如果凝结水温度没有回升，则再联锁启动一台备用真空泵；当任一凝结水温度大于 38℃时，延时 5min，回到防冻保护前状态，顺流单元防冻保护结束。

当环境温度小于 2℃，当逆流凝汽器某列任一抽真空温度小于 25℃，抽真空过冷报警，小于 20℃，过冷报警并触发逆流单元防冻保护，此时逆流风机以一定的速率降低至最低转速并停止，顺流风机则被锁定恒速转动。15min 后，如果抽真空温度没有回升，则再联锁启动一台备用真空泵；当任一抽真空温度大于 30℃，延时 5min，回到防冻保护前状态，逆流单元防冻保护结束。

当环境温度小于 2℃，每列的两台逆流风机每隔 30min（调试时可调）以 15Hz（30%）的频率反转 5min（调试时可调），其余风机继续运行。从第 1～8 列逆流风机都如此操作。当环境温度大于 5℃时，逆流单元回暖结束。隔离排的逆流单元不需要回暖，跳步即可。隔离列各参数只监视，不参与控制。

（10）冬季滑参数停机过程的主要防冻手段。冬季停止时，先停止逆流风机、再停止顺流风机。在下联箱凝结水收集管凝结水温度偏低的情况下，将对应列的顺流风机减速或停止；在逆流管束抽汽口温度偏低的情况下，将对应列的逆流风机减速或停止。凝汽器运行时的压力降低到某一关键的限定值以下时，可能导致抽真空系统的能力下降，凝汽器内不可凝气体的增加，从而使凝结水发生过冷现象，此时需调低风机转速或风机反转，保证汽轮机排汽压力不致过低。如果凝结水温度低或者凝结水过冷度高于限值，需要将压力设定值提高和（或）开启备用水环真空泵，直至凝结水温度恢复。对易冻设备如：凝结水管路、抽真空管路及设在室外的仪器仪表等进行保温，必要时有伴热设施。对冬季不用的设施如清洗系统、喷雾系统等，必须把系统排空，以免冻坏。

1）合理调整风机的运行方式。冬季运行中所有风机全部停止运行后，直接空冷系统变得更加脆弱，受大风影响的程度也要加重，因而运行中应避免出现风机全停工况的发生。通过采用合理的冷却风机组轮换运行和逆流式凝汽器风机反转，可抑制自然通风对逆流式凝汽器内部蒸汽的冷却，这样也就减小了其结冰的可能性。成组轮换风机运行，可以防止空冷凝汽器管束局部过冷。

2）退出部分空冷凝汽器。在减负荷过程中，机组排汽量逐渐减少，根据排汽量大小确定是否关闭配汽管路上的电动蝶阀，以减小实际换热面积，对应减小最小防冻流量。

3）投入旁路系统增加空冷岛的进汽量。汽轮机组在冬季滑停时，如对缸温无特殊要求，则应在滑停阶段达到55%～60%额定负荷后，通过锅炉降压降温，当汽缸温度达到最低时（缸温可以降低到350～380℃）及时打闸停机。这样有利于机组消缺后安全顺利地启动：按机组停运5～7天计，机组再次启动时的缸温一般在250～300℃之间，可以缩短暖机时间，尽快升负荷至最小防冻负荷以上，这有利于空冷凝汽器的防冻。

汽轮机本体有消缺计划，当需要较低的汽缸金属温度时，就需要投入旁路系统参与配合，来防止滑停过程中空冷凝汽器受冻。对于汽轮机而言，由于型式不同，高压缸作功能力仅占汽轮机整个做功能力的1/4～1/3，绝大多数是由中低压缸做功完成的。随着机组的滑停，汽缸金属温度逐渐降低。当汽轮机排汽热量接近于空冷凝汽器防冻所必需的最小热流量时，可认为此时应当稳定锅炉当时的燃烧水平，保持机前参数按照滑参数停机规定的温降水平，先将高压旁路投入。投入旁路系统后需要解决高压缸的鼓风问题，所以高压旁路调节阀的开度以及旁路减压减温后的温度控制应受当时高压缸排汽参数的限制，同时还应当将高压缸排放阀打开，使高、中压缸的金属温度进一步降低。投入旁路系统参与机组滑停时，运行操作量很大。在停机过程中应严格对汽机本体各参数进行监视。

4）空冷风机的控制。对于 ACC 防冻，从运行角度上讲正常运行中只能进行空气流量控制，即调节风机的转速、方向及启停，以实现对风量的控制。只要蒸汽流量大于规定的最小流量，ACC 可有效防止冻结。顺流凝汽器一般在任何工况下都有蒸汽对其加热；而对于逆流凝汽器，由于不可凝结气体的影响，其上部还是要产生结霜冻结的现象，如果长期存在，就可能堵塞管束甚至冻坏管子。所以当环境温度小于 2℃时，逆流风机的回暖循环将被启动，逆流风机顺序执行运行→停止→反转→停止→运行的循环，各列按顺序周期执行。这样当逆流风机停运时，利用蒸汽可将其已冻结的部分融化掉，使抽空气温度回升。如果环境温度仍小于 2℃，则此回暖循环继续进行。

当环境温度降到 0℃ 以下时，在空冷凝汽器管束中就有可能出现内部结冰的现象。目前，直接空冷系统设计的温度监测点少，单从表计监视不能及时发现空冷凝汽器散热管束受冻。实际经验表明，当表计显示出温度异常时，空冷凝汽器内部已发生大面积受冻。所以运行中必须加强监视、调整和就地检查，尤其注意以下几点：

a. 当环境温度越低时，根据空冷凝汽器防冻要求，需要的最小热量越大。机组负荷一定时，运行背压越高，排汽温度和排汽量越大，有利于防冻。为了保证空冷凝汽器的安全，适当提高机组运行背压是非常必要的。但是，必须限制汽轮机在对应工况下背压保护曲线的报警值以内。

b. 抽空气温度是空冷凝汽器整体运行情况的反映，即使此温度比较高，也不能保证所有逆流管束的防冻安全。

c. 运行中监视的参数是反映空冷凝汽器整体运行情况，不能反映局部冻结特征，而散热管束内部结冰是渐进形成的。加强对空冷凝汽器散热管束表面温度的实测检查，可以及时掌握空冷凝汽器内部蒸汽分配以及局部冻结的情况。

d. 直接空冷凝汽器采用合理的顺、逆流面积配置，绝大多数蒸汽在顺流凝汽器中凝结成水，而逆流式凝汽器仅有少量的蒸汽，以便于最大限度地回收蒸汽。而在冬季寒冷季节，当机组负荷较低时，逆流管束内部可能仅仅存在极少量的蒸汽凝结，通过实测凝结水收集联箱的表面温度便可以直观地反映出顺流凝汽器的散热效果。凝结水收集联箱是防冻工作中最关键的部位。

e. 空冷凝汽器散热管束表面温度偏差是由于各列管束间、散热三角对应两腰和相邻管束间热力和流量分配不均所造成的，应及时发现并消除。

（11）直接空冷机组冬季滑参数启动要点。同滑停相比，直接空冷机组的冬季启动更加困难，由于从锅炉点火到汽机冲车之前，有部分蒸汽进入空冷凝汽器，且进汽量远小于空冷岛防冻要求的最小热量，所以这部分蒸汽如果进入空冷凝汽器后就会凝结结冰。直接空冷机组冬季启动过程中，空冷凝汽器内部不结冰是不可能的，关键是要尽快使空冷凝汽器热负荷达到一定水平，才能使结冰现象得到有效控制。直接空冷机组冬季启动时需要更加合理地安排机组启动的各项环节，避免不必要的拖延。

锅炉点火后应充分利用锅炉再热器的干烧能力，尽快提高蒸汽参数。旁路投运后，要尽快增加旁路的通流量，并控制低旁减温后温度在系统允许的高值附近，尽快增加空冷凝汽器的热负荷。

达到冲车参数时，用较高的升速率和最短的暖机时间，尽快定速和并网。根据汽缸温度和转子应力等条件确定尽可能高的初始暖机负荷，同时进一步增加燃烧，保证尽可能高的旁路通流量；启动初期还应适当提高背压以及使空冷凝汽器的参数在较高的允许范围内，此时不需要空冷风机参与背压调节。

并网带负荷后应根据机组背压情况决定启动冷却风机的时机。机组并网后，当运行背压接近于当时背压保护规定的对应报警前，应按顺序启动冷却风机，风机启动后应限制其最高转速。这样做是为了防止冷却风机转速无限制升高后空冷凝汽器容易局部过冷而受冻。如有部分空冷凝汽器换热面积退出运行时，建议当机组背压达到 25kPa 后，其他风机都投入运行且转速均达到了 60%风机额定转速后，才能投入退出的换热面积。投入这部分空冷凝汽器时应先开隔断阀，隔离阀全部开启后，当所有管束温度及真空抽汽温度达到并高于30℃后，再启动对应的冷却风机。

（12）空冷系统最佳背压的控制。机组冬季运行时，对机组安全经济运行来说，如何使空冷凝汽器不被冻结的情况下保持较低的背压显然非常关键。

机组运行过程中靠降低空冷风机转速，维持较高的背压，较高的排汽温度能达到一定的防冻效果，但这对于机组经济运行来说显然很不利，背压越高，汽轮机热耗越大。

要想提高机组运行的经济性则应降低机组背压。但机组背压降低到一定程度，则凝结水过冷度会快速提高，抽真空温度也会下降较快，防冻压力陡然提升。

冬季环境温度较低时，将机组背压维持在 9～10kPa 较为合理。通过变背压试验，找到机组安全、经济的运行背压尤为关键。

六、夏季运行优化

直接空冷系统夏季高背压问题是影响机组安全经济运行的主要问题。

从目前投用的多台空冷机组实际运行情况看，在环境温度大于 30℃ 的情况下，机组的满发背压往往超过 40kPa，某些机组满发背压达 45kPa 以上，且不同程度地存在背压高限负荷问题。在这种情况下，一旦出现如大风天气及热风回流等不利的情况，极易造成背压保护动作甚至停机的问题出现。这样不但给机组安全运行带来严重的威胁，同时也直接影响到电网的安全经济运行。针对这种情况，可以采取以下措施：

（1）清洗空冷散热片表面。项目所在地区环境污染较为严重，空气悬浮颗粒较多，且风沙较大，散热器表面不时会有污物，比如柳絮、焦油附着、沙尘、树叶等，特别是厂址附近可能存在炼铁、炼焦、水泥等高污染企业对空气的排放污染，当污物沉积到散热器后导致散热器散热性能受到下降的影响，在夏季有可能出现背压升高、出力下降的现象。初步考虑每年至少应对空冷凝汽器外表面进行 3～4 次常规清洗，将沉积在空冷凝汽器翅片间的灰、沙、泥垢清洗干净，保持空冷凝汽器良好的散热性能。在柳絮严重季节，或者翅片表面覆盖有焦油等较难清洗的污物时，也可考虑采用一些特殊的预防手段和清洗方法。

（2）喷雾强化换热。在空冷风机出口，装设由若干喷头组成的喷雾强化换热系统，压力水通过喷头以一定的喷射角向其四周喷射细小颗粒的雾状水滴，与风机出口的空气接触混合，通过传热、传质，形成气、汽、水混合物，水在蒸发的过程中会吸收很大的汽化潜热，可有效地降低进入散热器的空气温度，而部分未蒸发的水雾在通过换热面时还会起到强化换热的效果。

（3）增加空冷风机出力。环境温度较高时，空冷风机保持110%额定转速运行，从而有效降低机组背压。进入夏季前，应提前对风机的运行状况进行评价，有问题及时消除，避免风机缺陷影响机组出力。

（4）严密防范大风的影响。为防范大风造成的机组背压剧烈波动甚至保护动作，在一般情况下，机组背压控制不高于35kPa，严格避免背压保护"轧红线"运行。在可预知的大风天气到来前，还要进一步降低运行背压。

七、调试质量检验标准

（1）空冷风机。风机电机变频装置投入正常；联锁保护动作正确；在任何转速下，风机电机振动不得大于 100μm；电流不得超过额定电流；轴承温度不大于85℃；电机线圈温度不高于130℃；减速器油温不高于90℃。

（2）空冷凝汽器气密性试验：（可参照以下方法）。

1）试验需进行 24h（为了确保试验开始和结束时环境温度大致相同），系统压降不大于 50mbar/24h。

2）试验应至少进行 4h，进行泄漏率的计算，计算所得的泄漏率不应超过单台真空泵抽吸能力50%。

泄漏率参照如下公式：

$$l = (m_{start} - m_{end})/\Delta t \qquad (2-2)$$

式中 Δt ——试验时间，h；

m_{start} ——测试开始时空冷凝汽器中的空气质量，kg；

m_{end} ——测试结束时空冷凝汽器中的空气质量，kg。

空冷凝汽器空气质量参照如下公式：

$$m = \frac{MpV}{RT} \qquad (2-3)$$

式中　*m*——空气质量，kg；

　　　M——空气摩尔数，*M* = 0.029kg/mol；

　　　p——空冷凝汽器测试压力，Pa；

　　　V——空冷凝汽器容积，m³；

　　　R——通用气体常数，*R* = 8.31J/（K·mol）；

　　　T——平均被测空气温度，K。

（3）真空系统试抽真空。汽轮机在未投入轴封系统运行时，真空不低于 −40kPa。

（4）真空系统抽真空。系统压力在 35min 内从大气压降到 33kPa，65min 内降到 16kPa。

（5）空冷系统热态冲洗。对每一列的凝结水进行采样，分析其中固体悬浮物含量和含铁量；当凝结水中悬浮物的含量小于 10ppm，铁含量小于 1000μg/L，并趋于减少时，冲洗合格。

（6）真空严密性试验。真空严密性不大于 100Pa/min。

（7）凝结水溶氧。凝结水溶氧量小于 30ppb。

（8）凝结水过冷度。凝结水过冷度小于 6℃。

（9）冬季防冻。冬季时在机组启动、正常运行及停机过程中，空冷系统不发生冻结。

（10）夏季运行。环境温度 35℃时，机组满发背压不高于 28kPa；在极端环境温度下，能保证机组满发。

第三章

高位布置机组整套启动
调试技术方案

针对锦界三期高位布置机组整套启动调试难点、关键技术及关键环节，开展深度调试技术方案工作及机组汽水品质优化、高位布置汽轮机启动、甩负荷试验、燃烧调整、机组运行优化与经济性提升、自启停控制系统控制关键技术，最终形成的策划有效指导机组整套调试工作，确保机组长周期安全、经济运行。

第一节　机组汽水品质优化深度调试技术方案

一、设备系统简介

锦界电厂三期扩建项目水源采用锦界煤矿疏干水作为全厂工业用水水源，瑶镇水库水作为生活用水。锅炉补给水处理系统利用一、二期工程现有的离子交换设备，在现有 4×100t/h 一级除盐加混床设备的基础上，增设4×110t/h 的超滤、反渗透装置，以及 1 台 2000m³ 除盐水箱，满足一、二期工程及本期工程锅炉补给水的需要。

化学加药系统按单元成套组装供货，系统共分两个单元，即给水、凝结水加氨单元、给水和辅机循环冷却水加联氨单元。凝结水加氨设在凝结水精处理出水母管上；给水加氨点设在除氧器出水下降管上；闭式水加联氨设在循环水泵出口母管出口；给水加联氨点设在除氧器出水下降管上。化学加药系统为两机公用，共一套装置，给水及凝结水加药计量泵设置为两用一备，辅机循环冷却水计量泵两台不设备用。氨、联氨溶液箱应设备用且能满足 8h 以上的加药量。

系统取样点及分析仪表的配置如表 3-1 所示。

表 3-1　　　　系统取样点及分析仪表的配置

取样点	分析仪表
凝结水泵出口	阳离子导电率
	溶解氧
除氧器进水	比导电率
	溶解氧
除氧器出口母管	溶解氧
省煤器进口	阳离子导电率
	比导电率
	pH 值
	溶解氧
	二氧化硅
	氯
	TOCi
主蒸汽	阳离子导电率
	溶解钠
	二氧化硅（与省煤器共用）
再热蒸汽入口（左右侧）	阳离子导电率
启动分离器汽侧出口	阳离子导电率
启动分离器排水	人工取样
高压加热器疏水	阳离子导电率
低压加热器疏水	人工取样
暖风器疏水	阳离子导电率
发电机冷却水	比导电率
	pH 值

续表

取样点	分析仪表
辅机循环冷却水	比导电率
	pH 值
辅汽疏水	阳离子导电率
热网加热器疏水	阳离子导电率
锅炉启动疏水至凝汽器管道	阳离子导电率

注 每台机省煤器进口与主蒸汽合用一块硅表。

二、优化目的及内容

根据机组的系统及结构特点，从设备安装到机组投运的各个阶段采取对应的汽水品质优化方式，采取适当措施使得机组能在最短的时间内，水汽品质达到合格范围，降低因腐蚀、结垢、积盐等引起的机组效率降低及安全风险。

根据高位布置特点，在系统设计、设备安装、化学清洗、冷热态冲洗、机组吹管、机组整套启动等各阶段采取不同措施净化系统，缩减热力系统水汽品质超标时间，减少系统腐蚀、结垢等，提高机组效率及安全性。

三、凝结水精处理系统优化

国内目前采用的凝结水处理系统有独立高速混床、前置氢型阳树脂过滤器+高速混床、前置过滤器+高速混床三种设置方式。

直流锅炉的凝结水精处理设备均在氢型下运行，国产设备及进口设备不论采用何种再生方式，其出水水质一般均较好，电导率都能达到小于 $0.1\mu S/cm$。机组给水采用 OT 处理时凝结水的 pH 值一般在 8.5 左右，凝结水精处理系统运行工况可大大改善，所以在考虑选择超临界机组凝结水精处理系统的再生方式时，可以不做特殊考虑。

中压系统的布置方式因其系统连接简单、运行调节方便、安全性高、无空气泄漏等优点，因而被绝大部分厂家接受，成为主流布置方式。

1. 中压系统处理方式的效果比较

在中压系统的三种设置方式中，单从除盐效果比较，由于"前置氢型阳树脂过滤器 + 高速混床"方式中高速混床的进水为中性或呈微酸性，工作中的反离子大大减少，在相同的杂质离子含量下，其运行周期长，出水水质比其他两种方式略好。"独立高速混床""前置过滤器 + 高速混床"这两种设置方式的高速混床在再生效果良好时，氢型状态下的运行周期虽然较短，但出水的氢电导率能达到 0.06μs/cm 以下的水平，完全满足超临界机组给水水质的要求。

单纯系统的除盐效果看，上述三种方式区别不明显。但从过滤除金属腐蚀产物的效果看，存在如下差别。

（1）独立高速混床方式的除铁情况。

以某厂两台超临界机组的凝结水精处理系统为例，该机组凝结水精处理系统为独立高速混床系统，运行至今出水的氢电导率一直控制在 0.06μs/cm 以下，能完全满足超临界机组的水质要求。

在过滤除铁方面存在下列情况：

1）机组启动阶段的过滤除铁效果。通过统计两台机组最近 20 次的启动分析报告，在凝结水含铁量非常高时，过滤除铁效果可达到 98%以上，独立高速混床系统出水的铁含量的绝对值很高，有时会超过 50μg/L，使点火水质不合格。

2）机组正常运行时的过滤除铁效果。机组正常运行时凝结水中的含铁量与启动时相比明显减小。统计了机组进三年运行的分析数据，在凝结水含铁量较低的情况下，独立高速混床系统的过滤除铁率一般在 70%以下，而当凝结水含铁量非常低时，独立高速混床系统的过滤除铁率也较低，为 59%左右，近一半的铁无法通过过滤除去又随系统循环进入热力系统，给进一步降低给水的含铁量造成困难。

（2）"前置氢型阳树脂过滤器 + 高速混床"系统的除铁情况。

根据过滤原理，水以相同的过滤流速通过不同的过滤器时，固体颗粒的除去率只与过滤器内滤料的直径和滤料的高度有关，如果滤料的直径和滤料的高度相近，那么其过滤效果也就会相近。常规的前置氢型阳树脂过滤器的树脂层高度均在 1m 以上，与高速混床的树脂层高度相近或略高，所以在处理凝结水时的过滤效果与独立高速混床相近。

由于本系统在超临界机组应用实例较少，无实际运行试验数据，计算参考独立高速混床的数据对"前置氢型阳树脂过滤器＋高速混床"系统的除铁效果进行模拟计算。在凝结水高含铁量的启动阶段，前置氢型阳树脂过滤器的除铁效果按 90%～98% 计算（根据 EPRI 导则，启动阶段前置氢型阳树脂过滤器的除铁效果能达到 90% 以上），后置的高速混床除铁效果按 59% 计算，整个系统在启动阶段的除铁率可达到 96%～99.2%。这样的过滤效果即使在凝结水的铁含量达到 5000μg/L 时，也能确保出水铁含量小于 50μg/L 的锅炉点火水质要求；而在凝结水含铁较低的正常运行时，前置氢型阳树脂过滤器的除铁效果如按 59%～70% 计算，后置的高速混床除铁效果仍按 59% 计算，整个系统在正常运行阶段的除铁率可达到 83%～88%，比独立高速混床系统的过滤除铁效果有较大幅度的提高，这样的过滤效果可以使系统出水的铁达到更低的水平。

在"前置氢型阳树脂过滤器＋高速混床"系统中，凝结水中的铵离子已由前置氢型阳树脂过滤器去除了，后置的高速混床工作在中性或微酸性状态下，更有利于去除溶解状态的铁离子，对整个系统的除铁效果会有进一步的提高。

该系统的主要缺点是系统较复杂，需要为前置氢型阳树脂过滤器配置一套再生系统，占地面积大；另外运行的压差比独立高速混床大一倍左右，比"前置过滤器＋高速混床"系统略大；运行工作量比前置过滤器＋高速混床系统大，与独立高速混床系统相近。

（3）"前置过滤器＋高速混床"系统的除铁情况。

前置过滤器滤元的过滤孔径可以根据需要进行选择，不同的阶段可以采用不同过滤孔径的滤元来适应不同凝结水水质的需要。目前随着安装质量和设备保护质量的提高，装有两台 900MW 超临界机组的某电厂已成功使用 1μm 过滤孔径的滤元来处理机组启动阶段的凝结水，对于不同凝结水铁的过滤除去效果能达到 70%～92% 以上，过滤除铁效果与"前置氢型阳树脂过滤器＋高速混床"系统相近，比独立高速混床系统的过滤除铁效果有较大幅度的提高。

该系统比独立高速混床系统复杂，但比"前置氢型阳树脂过滤器＋高速混床"系统简单；占地面积比独立高速混床系统大，但比"前置过滤器＋高速混床"系统小；运行的压差比独立高速混床约大 0.2～0.5kg/cm²，比"前置氢型阳树脂过滤器＋高速混床"系统略小；运行工作量最小，运行的灵活性和安全性最高。

2. 凝结水精处理系统的设置优化选择

综合考虑凝结水精处理系统的除盐效果、除铁效果、系统的复杂性、安全性、运行压差和运行工作量的大小等情况。超临界机组凝结水精处理系统应选中压系统，系统设置模式应首选"前置过滤器＋高速混床"系统；其次是"前置氢型阳树脂过滤器＋高速混床"系统，尽量避免选用独立高速混床系统。目前常用再生方式均可选用，在不提高总价的前提下，可首选高塔式完全分离技术或锥斗分离技术。

3. 凝结水精处理系统运行优化

超临界直流机组给水、蒸汽氢电导率指标随着精处理混床不同阶段的运行呈现周期性的变化。在初、中期运行中，给水氢电导率接近理论电导率值，随着精处理混床制水量的上升，在运行后期，氢电导率逐步上升。失效精处理混床退出运行，精混床再生后重新投入运行，凝结水、给水和蒸汽氢电导率明显下降，精处理混床运行状态会直接影响锅炉水汽品质。在精处理混床运行后期，混床出水中随着氨的泄漏氯离子随之明显增加，并导致锅炉水汽系统氢电导率上升。在混床出水氢电导率接近 0.1μs/cm 时，氯离子含量大约在 5μg/L，表明混床出水杂质主要是氯离子。

（1）精处理混床终点的判断。

现行的多个相关标准对凝结水精处理混床的运行控制终点进行了规定。从水汽控制角度而言，这些标准并非完全适用于所有机组。如果控制精处理混床出水氢电导率 0.15μS/cm，仍然要考虑 0.15μS/cm 所表征的其他杂质离子，如果仅含有氯离子，其含量可能达 6μS/cm，将对热力系统构成极大威胁。在运行中要严格控制精处理氨的泄漏，避免氯离子的排代泄漏。当采用氢型精处理运行方式时，严格控制精处理出水氨的泄漏，可有效控制杂质离子泄漏，确保给水水质。

一般要在调试中分阶段考虑凝结水混床终点的判断，在冷热态冲洗和机组空负荷阶段可根据机组压力负荷等参数适当后延混床运行终点，在机组满负荷阶段应严格控制终点。鉴于锦界电厂三期扩建项目为空冷机组，不存在凝结水泄漏的问题，精处理混床运行周期较长，可根据机组运行状态适当提前将混床退出，降低系统水汽中氯离子含量，提高机组安全性。

（2）精处理系统投运时间的控制。

尽早投用精处理装置可以节约大量的除盐水资源、减少系统热损失，汽水品质较快得以合格。在冷态冲洗阶段，当前置过滤器进口水铁含量大于 1000μg/L 时，将冲洗水排放；当前置过滤器进口水铁含量小于 1000μg/L 时，冲洗水全部通过前置过滤器及精处理系统。

因此，凝结水精处理系统（包括再生系统及附属的废水系统等）应在吹管开始前调试完成，相关热控仪表及分析仪表具备投运条件，具备在凝结水水质合格情况下随时可以投运的能力。

（3）分离塔反洗分层的流速精确调整。

在凝结水精处理的过程中很容易出现阴阳树脂的分离不彻底，导致树脂输送回混床后，混床中树脂阳阴配比失调，影响混床出水水质。通过精确调整分离塔反洗分层流速以及设置混脂层的方法，提高阳阴树脂的分离率。调整反洗分层流速可以通过调节分离底部的进水调节阀的开度，由调试人员现场整定，开度逐渐减小，参考开度可依次设置为 100%、15%、3%、1%，开度逐渐减小，直到树脂平稳分层并落下。

在阴树脂输送完毕后，分离塔中还剩下阳树脂以及混脂层，需要先人工检查剩余树脂的分层效果，若发生乱层，则将剩余树脂进行重新分层。

（4）再生液流速和浓度的调整。

阴树脂进行再生的时候，氢氧化钠溶液为例，要将其的浓度调整为 4%，同时还要注意碱液的温度要在 30～40℃，只有在这个温度下，才能保证碱液再生效果才最好。在此浓度和温度的基础上，保证阴再生塔中的再生流速达到 2～4m/h 再生效果才最佳。在对阳树脂进行再生的时候，以盐酸溶液为例，要将其浓度调整为 4%～6%，在此浓度的基础上，还要保证阳再生塔中的再生流速达到 4~8m/h 再生效果才最佳。

（5）精处理系统在线仪表的投运。

在线化学分析仪表是监视精处理系统运行状态的重要手段。在精处理投运后，人工化验无法满足系统运行的要求，必须及时投运电导率、二氧化硅等在线分析仪表，并对仪表进行定期校验，保证分析数据的准确性。一旦出现精处理混床运行终点判断错误，轻则造成系统水质恶化影响调试时间，重则造成机组受热面腐蚀结垢甚至发生爆管事故。

四、给水处理方式的优化

目前国内外超临界机组给水处理方式有加氨、联氨的全挥发处理（All-Volatile-Treatment，AVT）和加氨、加氧的联合处理（Oxygenated Treatment，OT）两种。AVT 是在高、低压给水中加入氨和联氨，一般控制给水的 pH 值为 9.0~9.6，N_2H_4 质量浓度为 10~50μg/L，溶解氧质量浓度小于 7μg/L。

超临界机组给水处理在设计和初始运行时均采用 AVT 水化学工况。超临界机组给水采用 AVT 处理时，机组存在如下问题：

（1）给水水质合格率高，但是锅炉水冷壁管的沉积率仍然很高，锅炉在运行 2~3 年后就需要进行化学清洗。

（2）锅炉运行中的压差上升很快。

（3）在 AVT 方式时，由于凝结水的 pH 控制值为 9.0~9.6，氨含量大，造成凝结水精处理混床运行周期相对较短、再生酸碱消耗量和再生自用水量大，树脂的磨损严重，精处理系统运行费用较高。

造成上述问题的主要原因是在 AVT 方式下，热力系统金属表面生成的保护膜为具有双层结构的 Fe_3O_4 保护膜。Fe_3O_4 保护膜的外层结构疏松，且由于膜本身的溶解度较高，溶解出的二价铁离子不断在热负荷高的部位沉积，生成了表面粗糙的波纹状垢层，除降低锅炉受热面的传热效率外，还增加了流体阻力，造成锅炉压差不断上升。因此，要彻底解决问题，必须从给水处理方式上加以改进。

采用先进的给水还原性处理工况（All-Volatile-Reduction，AVR）条件下，高压加热器疏水系统管材和壳体的汽液分界区运行中易发生流动加速腐蚀（Flow Accelerated Corrosion，FAC），在停备用期间由于保护措施不利，极易遭受氧腐蚀。一般疏水量约占给水总量的 20%左右，如果高压加热器疏水回收时控制指标过于宽松，就会造成给水铁含量大幅度超出控制值，高压加热器的腐蚀产物随疏水进入除氧器，特别是机组启动时，大量锈蚀产物进入热力系统，沉积在锅炉受热面，必须严格控制 AVT 条件下的疏水质量。疏水和生产回水控制指标按表 3-2 执行。

表 3-2　　　　　　回收到凝汽器的疏水和生产回水质量

名称	硬度（mol/L）		铁（μg/L）	TOCi（μg/L）
	标准值	期望值		
疏水	≤2.5	0	≤100	—
生产回水	≤5.0	≤2.5	≤100	≤400

回收至除氧器的热网疏水质量，可按表 3-3 控制。

表 3-3　　　　　　回收至除氧器的热网疏水质量

炉型	蒸汽压力（MPa）	氢电导率（25℃）（μs/cm）	钠离子（μg/L）	二氧化硅（μg/L）	全铁（μg/L）
直流炉	超临界压力	≤0.20	≤2	≤10	≤20

生产回水还应根据回水的性质，增加必要的化验项目。

给水加氧处理可使加热器疏水系统的水相金属表面生成保护性氧化膜，有效抑制 FAC 和停备用腐蚀。机组在调试完成后，转入稳定运行阶段后，应尽快转入加氧处理方式。

由 AVT 工况向 OT 工况转换需满足下列两个条件：

（1）转换条件。机组处于稳定运行状态；机组给水加氧的氢电导保证值小于 0.15μs/cm，目标值小于 0.1μs/cm；机组其他水汽品质指标正常。

（2）转换步骤。给水 pH 值保持原 AVT 工况，停止加联氨并加强水汽品质的监督和观察铁含量变化，观察一周后开始向除氧器出口加氧，溶解氧浓度控制为 30～200μg/L（根据现场实际转换情况可对该指标进行适当修改），并保证使给水的氢电导小于 0.20μs/cm。转换时主蒸汽浓度趋于稳定后，再投入凝结水精处理出口加氧点。根据给水中铁离子浓度，调整给水的 pH 值在 8.5～9.0。

直流炉加氧处理的给水氧含量（30～200μg/L）在关小加热器排汽门的前提下，可使疏水氧含量达 30μg/L 左右。运行期间加热器排汽门关闭不严，氧含量达不到 10μg/L，则应考虑调整给水 pH 值，以保证蒸汽 pH 值可满足疏水系统防腐蚀的需要。

五、调试阶段水汽质量优化

1. 机组化学清洗阶段

通过对新建机组进行化学清洗，使热力系统的受热面内表面清洁，防止因腐蚀和结垢而引起事故，改善机组汽水品质并提高机组的热效率。

（1）扩大化学清洗范围。制订化学清洗方案时，首先要确定清洗范围，它直接影响清洗方案中清洗工艺的确定，为了尽早使整套启动阶段汽水品质合格，节省系统启动冲洗用水量，缩短机组启动时间，增加了对高低压加热器汽侧的清洗，并对启动系统暖管管路、过热器减温水管路、再热器事故喷水管路等进行大流量水冲洗。

（2）确定合适的清洗工艺。根据国华清洗导则要求，清洗工艺要符合超临界机组材质的要求，防止介质对奥氏体等高温材料的金相组织破坏，另外还要防止在化学清洗过程中残留介质。结合在其他机组的清洗经验和现场实际情况，并经过小型试验进行验证，选用中性除油剂、柠檬酸清洗的工艺。

（3）丰富小型试验的内容。化学清洗前的小型试验一般采取将挂片放入加有缓蚀剂的柠檬酸溶液中，在给定温度、时间内测量试片的失重。这种试验忽视了实际化学清洗液中存在的大量盐含量及氧化性三价铁离子对金属腐蚀的影响。因此在小型试验试液中加入不同浓度的三价铁离子，以全面考察缓蚀剂的缓蚀性能，缩小试验介质环境与实际化学清洗过程之间的差距，提高试验可信度。

（4）采用给水泵前置泵水顶酸技术。酸洗后金属表面膜被酸溶解，极易与氧发生化学反应，形成二次锈蚀。为了防止酸洗结束后产生二次锈，影响钝化结果，改变以往酸洗完排放、冲洗的方式，采用水顶酸的方式，有效避免金属与空气接触。

（5）采用带温大流量冲洗方式。化学清洗过程中，采用投运除氧器加热进行带温大流量冲洗的方式，增强冲洗效果，节约除盐水的消耗，为稳压吹管创造良好条件，同时有效防止柠檬酸铁在低温情况下在炉管上沉淀。

2. 锅炉冷热态冲洗阶段控制

（1）机组化学清洗后，炉前及炉本体系统的油渍、腐蚀产物、焊渣基本被清除，但系统内部少量的腐蚀沉积物会使机组启动期间汽水品质恶化，故在点火吹管前进行严格的锅炉冷态冲洗，并在锅炉点火后一定参数下进行热态冲洗。

（2）冷态冲洗用水量较大，冲洗时间较长，化学清洗系统恢复完毕，锅炉便具备正式上水条件，根据点火吹管的时间安排，提前一周左右开始冷态冲洗。

（3）由于冷态冲洗排水量较大，补水及排水系统无法满足持续大流量冲洗，为了提高清洗效果，采用交替变流量冲洗的方式，加大水流的冲刷作用，同时降低了除盐水的消耗。

（4）低压给水系统冲洗结束后，除氧器即投入蒸汽加热，将给水加热至100℃左右除氧，尽可能降低除氧器出水溶氧量，用除氧后的水对高压给水及锅炉进行半温态冲洗。

（5）高压加热器及锅炉本体的冷态水冲洗时，当铁含量小于 1000μg/L 时，及时将冲洗水回收到排气装置，并投入精处理系统进行循环冲洗。

（6）锅炉点火升温升压，将分离器入口温度控制在 190℃左右，对锅炉进行热态冲洗，当启动分离器出口水含铁量小于 1000μg/L 时，将水回收至排气装置，并投入精处理系统进行热态循环冲洗，直至启动分离器出口水含铁量小于 100μg/L 时，热态水冲洗结束。在升温升压过程中若分离器出口铁含量急剧上升，需继续排水至合格。

（7）锅炉点火后适当提高给水联胺含量和给水 pH 值，促进锅炉管壁钝化膜的形成。在冲洗过程中，多次采用整炉换水的方式改善汽水品质。

3. 精处理系统投运

超临界锅炉不能连续排污，精处理的可靠投运可减少无炉水循环泵超临界锅炉除盐水消耗，缩短整套启动时间，改善汽水品质，但精处理系统不能盲目投运，否则会导致树脂污染，不但起不到去污的作用，而且造成设备的损坏。调试过程中应注意以下几个问题：

（1）在机组吹管前精处理应调试完毕，冷态冲洗阶段即投入凝结水精处理设备，并对凝结水进行了100%处理。这样可使水质尽快合格，减缓热力系统腐蚀和结垢的危害。

（2）在机组启动初期，凝结水中悬浮颗粒较多，铁含量较大，对树脂的危害大，建议采购国产树脂作为调试期间使用，待机组转入正式生产后更换为运行树脂。参考其他同类型空冷机组运行经验，夏季凝结水温度可达到70℃以上，在采购树脂时考虑树脂的耐温性能，避免出现树脂强度降低，碎裂后进入系统。

（3）在凝结水温度较高或进水水质超标的情况下，及时退出高速混床，以免因树脂降解或铁污染降低交换容量，致使再生频繁，增加除盐水和酸碱的消耗。

（4）系统大流量冲洗时，采用三台过滤器同时运行的方式，在机组稳定运行后，采取两台过滤器并列运行。

（5）由于空冷机组投运初期凝结水含铁量大，调试树脂再生前进行酸液浸泡，以增加除铁效果，减少树脂擦洗用水用电量。再生后对树脂进行冲洗时，又将树脂擦洗与正洗步骤结合起来，这样既能快速除去树脂中残留的酸碱，又能节约冲洗用水。

（6）对于热力系统水汽品质的净化而言，精处理系统的作用是消除热力系统中不断产生的微量杂质，而当系统受到较大污染时，应通过降低负荷、隔离系统、直至停机放水，从而减少对精处理系统的污染，并保障机组安全运行。

4. 空冷岛热态冲洗的控制

直接空冷系统庞大，制造及安装阶段不可避免地产生大量的铁屑及其他杂质，因此在机组整套启动前必须进行大蒸汽流量热态冲洗，热态冲洗效果直接影响机组整套启动阶段汽水品质。空冷凝汽器的热态冲洗主要优化措施如下：

（1）加大清洗流量。采用正式补水与临时补水系统相结合方式，保证冲洗流量不低于 20%锅炉 BMCR；利用压降大增加流量的原理，逐列进行空冷凝汽器循环冲洗，清洗某一列空冷凝汽器时，根据环境温度和蒸汽流量保持风机大负荷运行状态；合理控制空冷风机运行方式，实现单个凝汽器大流量清洗，各列平均冲洗流量达到 600t/h 左右。

（2）针对超/超超临界机组对汽水品质要求高的特点，将二氧化硅及浊度作为热态冲洗指标，同时将每列凝汽器铁离子含量控制标准从 1000μg/L 降低到 500μg/L，使空冷热态冲洗工作与机组整套启动的水汽控制密切结合。

（3）空冷凝汽器变温冲洗，采取同一列空冷凝汽器的不同风机交替运行的方式，使凝汽器产生温度变化，增强清洗效果；另外通过控制风机转速改变背压，进而改变空冷进汽温度，进一步增强冲洗效果。

5. 机组整套启动阶段控制

直流锅炉汽水中腐蚀产物、机械携带、溶解携带等杂质无一例外地进入过热器及再热器，最后进入汽轮机，严重时则造成锅炉受热管路堵塞、爆管及汽轮机效率下降，因此应根据机组材料特性、炉型要求，控制给水水质，尽量减少热力系统腐蚀。由于机组整套启动阶段热力系统全部投入，此阶段汽水品质控制尤为重要。

（1）提前投入热力设备。热力系统中的设备和管道尽量在空负荷或低负荷时投入，高、低压加热器的水侧可在上水时便投入，旁路在锅炉点火初期投入，高、低压加热器的汽侧在汽轮机冲转过程中逐渐投入。首次投入热力系统及管路时，应采用缓慢投入、尽量外排的方式，并严密监视相关汽水品质的变化情况，如汽水品质恶化较严重，则应退出该系统。

（2）加强对高、低压加热器疏水品质的监测，当低压加热器含铁量小于 1000μg/L 及时回收至排气装置，当高压加热器疏水铁含量小于 50μg/L 且硬度小于 5.0μmol/L 时，回收至除氧器。

（3）汽轮机首次冲车过程中，凝结水水质极易恶化，精处理系统应临时退出运行，同时利用 5 号低压加热器出口的启动放水口，将受到污染的凝结水排放。

（4）加药装置在投运前，进行充分的除盐水冲洗，防止加药时携带杂质污染水汽系统，取样系统定时进行了排污和维护，保证取样的准确性，为机组参数调整提供准确依据。

（5）启机过程中特别注意除氧器的加药门、取样门和给水泵的投运情况，保证除氧器溶氧等指标的取样具有代表性。根据水质情况及时投运在线化学仪表，对机组的汽水品质情况进行及时、全面、有效的监督。

（6）增加旁路启动的次数和旁路吹扫的时间。汽轮机首次冲转前，通过旁路系统逐步增加蒸汽流量，维持吹扫一定时间，之后调整参数满足汽轮机冲转要求。

（7）重视停炉保养。对于机组长时间停运，采取氨和联氨钝化烘干法进行有效的停炉保护，控制 pH 值在 10.0 以上，联氨含量 200mg/L，同时加强锅炉水汽系统的密闭工作，防止空气进入。对于高压加热器水侧、除氧器等采用热炉放水余热烘干的方法进行保养，排气装置采用人工清理擦干，打开人孔门进行自然通风干燥的办法进行保养。

六、水汽质量劣化时的处理

当水汽质量劣化时，应迅速检查取样的代表性、化验结果的准确性，并综合分析系统中水汽质量的变化，确认判断无误后，应按下列三级处理要求执行：

（1）一级处理。有发生水汽系统腐蚀、结垢、积盐的可能性，应在 72h 内恢复至相应的标准值。

（2）二级处理。正在发生水汽系统腐蚀、结垢、积盐，应在 24h 内恢复至相应的标准值。

（3）三级处理。正在发生快速腐蚀、结垢、积盐，4h 内水质不好转，应停炉。

在异常处理的每一级中，在规定的时间内不能恢复正常时，应采用更高一级的处理方法。

（1）凝结水（凝结水泵出口）水质异常时的处理，应按表3-4执行。

表3-4　　　　　　　凝结水水质异常时的处理

项目		标准值	处理等级		
			一级	二级	三级
氢电导率（25℃）（μS/cm）	精处理投运	≤0.20	>0.20	—	—
	精处理未投		>0.30	>0.40	>0.65
钠离子浓度（μg/L）	精处理投运	≤10	>10	—	—
	精处理未投	≤5	>5	>10	>20

（2）锅炉给水水质异常时的处理，应按表3-5执行。

表3-5　　　　　　　锅炉给水水质异常时的处理

项目	标准值	处理等级		
		一级	二级	三级
pH值（25℃）	9.2~9.6	<9.2	—	—
氢电导率（25℃）（μS/cm）	≤0.15	>0.15	>0.20	>0.30
溶解氧浓度（g/L）	≤7	>7	>20	—

注　直流炉给水pH值低于7.0，按三级处理。

（3）锅炉水水质异常时的处理，应按表3-6执行。当出现水质异常情况时，还应测定炉水中氯离子、钠、电导率和碱度，查明原因，采取对策。

表3-6　　　　　　　锅炉炉水水质异常时的处理

锅炉汽包压力（MPa）	处理方式	pH值（25℃）标准值	处理等级		
			一级	二级	三级
>12.6	炉水全挥发处理	9.0~9.7	<9.0	<8.5	<8.0

注　炉水pH值低于7.0，应立即停炉。

七、机组停用保护

（1）在调试期间，锅炉的启停频繁，如在停炉时不采取保护措施，锅炉水汽系统的金属内表面会遭到溶解氧的腐蚀。机组的停炉保养是优良汽水品质的一个重要保证，做好停炉保护，可以减少腐蚀产物，减少启动冲洗时间。

（2）机组停运期间根据不同的停运时间，考虑采取充氮保护系统、干风系统和保护液加药等方式，以满足机组不同的停备用周期的保护。

（3）防锈蚀方法的选择原则。

1）停（备）用时间的长短和性质，现场条件、可操作性和经济性。另外还应考虑以下原则：

a. 停（备）用所采用的化学条件和运行期间化学水工况之间的兼容性。

b. 防锈蚀保护方法不会破坏运行中所形成的保护膜。

c. 防锈蚀保护方法影响机组按电网要求随时起停。

d. 有废液处理设施，废液排放符合相关标准。

e. 冻结的要求，当地大气环境，不影响检修工作和人员安全。

2）选择必须考虑机组特性和停运状态，应充分考虑保护方式对系统材料（铜等）的腐蚀影响：

a. 充分考虑系统隔离方案。

b. 加强监测和检查，发现问题，及时处理。

c. 保证使用药品的品质质量，防止药品杂质对保护造成负面影响。

d. 综合考虑保护后，残留药品或钝化膜对启动过程中机组水汽品质的影响。

（4）对于停机检修的超临界机组的锅炉本体、高压加热器水侧、除氧器等采用热炉放水余热烘干的方法进行保养，对于停机检修的汽机和排气装置可采用对排气装置热井采用人工清理擦干后，打开汽侧上下人孔门进行自然通风干燥的办法进行保养。不进行检修的长期停运备用的超临界机组的锅炉本体、炉前系统的保养建议采用加氨提高给水 pH 值至 10 以上同时结合锅炉上部充氮隔绝空气的方法进行保养；对于不进行检修的长期停运备用的超临界机组的汽机本体建议采用通干燥风进行干燥的方法进行干燥保养。

（5）化学专业应负责制定保护方案、检验防锈蚀药剂、进行加药和保护期间的化学监督，并对保护效果进行检查、评价和总结。热机专业应负责停用保护设备的安装、操作和维护，并建立操作台账。

第二节　汽轮机启动与运行深度调试技术方案

一、设备系统简介

汽轮发电机组高位布置在 65m 运行平台上，其他辅机设备等根据具体需要布置在不同的高度上。汽轮机由一个单流程高压缸、一个双分流中压缸和一个双分流低压缸组成，各汽缸串联布置，这样设置的通流形式既能提高各缸的效率，又能有效缩短机组轴向尺寸、控制末级叶片长度和减小转子轴向推力；转子旋转方向为顺时针（从调端看），通流级数共 59 级，其中高压部分 17 级，中压部分 2×16 级，低压部分 2×5 级。汽轮机主轴分为三段，分别为高压转子、中压转子、低压转子，所有转子全部为整锻式转子，各段之间均采用刚性半部联轴器对接，由螺栓连接两两转子间的半部联轴器并形成整个轴系，每个转子都有两个支持轴承支撑，推力轴承（转子的膨胀死点）位于 2、3 号支持轴承之间，即高压缸和中压缸之间的轴承箱内。机组配有两台顶轴油泵，分别向 1、2、3、4、5、6、7、8 号轴承供给顶轴油。盘车装置设置在 6、7 号轴承之间，采用链条、蜗轮蜗杆、齿轮复合减速摆轮啮合的低速盘车装置，盘车转速 3.38r/min，装在低压缸下半，允许拆卸轴承盖或联轴器盖时无需拆卸盘车装置。静子死点分别位于低压缸中心附近及 3、4 号轴承箱底部横向定位键与纵向导向键的交点处，低压缸和 3、4 号轴承箱以本身的死点分别向电、调端自由膨胀；高、中压汽缸采用定中心梁推拉系统，连同前轴承箱和 2 号轴承箱一起向机头方向膨胀。根据直接空冷机组的运行特点，低压缸及其前、后轴承箱分别落地，以避免排汽温度的变化使轴承标高受到影响，以保证轴承的稳定性。同时低压缸端汽封固定在轴承箱上，并具有水平及横向键以确定汽封体的中心，这样端汽封能与转子具有良好的同心性，避免动静碰磨，保持合理的间隙。汽封体与低压缸之间设有膨胀节，在保证真空前提下，能吸收低压缸膨胀引起的位移。机组噪声水平小于 85dB（A）（距设备罩壳 1m 处测量）；各轴承处轴颈双振幅值小于 0.076mm。发电机组允许周波摆动范围为 48.5～50.5Hz。

该机组的回热系统有九级抽汽，分别供给 4 台高压加热器（1 台蒸汽冷却器）、1 台除氧器和 4 台低压加热器。机组的主要辅机设备有两台全容量凝结水泵、1 台全容量汽动给水泵、两机共用 1 台 40%容量的启动电动定速给水泵、1 台蒸汽喷射器、一小两大 3 台真空泵、两台全容量辅机冷却水泵、64 台变频空冷风机等。此外，每台机组设置 1 台 40%BMCR 液动高压旁路阀和 2 台液动低压旁路阀。汽轮机主要参数如表 3-7 所示。

表 3-7 汽 轮 机 主 要 参 数

项目	THA	TRL	TMCR	VWO	阻塞工况
功率（kW）	660000	613707.2	660000	709990.6	663680.8
热耗（kJ/kWh）	7550.9	8153.3	7581.1	7531.5	7539.0
汽耗（kg/kWh）	2.863	3.094	2.877	2.901	2.861
主蒸汽压力 [MPa（a）]	25.823	25.927	25.929	28.000	25.930
再热蒸汽压力 [MPa（a）]	5.427	5.421	5.430	5.863	5.432
高压缸排汽压力 [MPa（a）]	5.899	5.893	5.902	6.373	5.905
主蒸汽温度（℃）	600.0	600.0	600.0	600.0	600.0
再热蒸汽温度（℃）	620.0	620.0	620.0	620.0	622.0
高压缸排汽温度（℃）	365.1	364.3	364.5	363.8	364.6
主蒸汽流量（t/h）	1889.49	1898.62	1898.62	2060.00	1898.62
再热蒸汽流量（t/h）	1538.85	1539.91	1540.55	1664.14	1540.77
背压（kPa）	10.5	28.0	10.5	10.5	7.0
低压缸排汽流量（t/h）	1044.33	1066.47	1035.49	1108.99	1023.35
最终给水温度（℃）	305.4	305.5	305.5	310.8	305.5

二、启动调试重要原则

热控保护定值和控制逻辑准确可靠是关键，合理的设备选型是启动调试工作的基础，搞好分部试运行工作是保证整套启动质量的前提，强化设备缺陷管理和优质的厂家技术服务是启动调试工作的保证，运行方式的优化是决定机组安全经济运行的未来。

机组投产后必须尽快地进行机组性能试验，分析影响机组性能指标的各类因素，积极落实整改和完善，优化运行方式，才能保证机组的优质高效运行。

三、启动方式及过程

1. 冷态启动

根据哈汽厂推荐的机组启动曲线，汽轮机冷态启动参数要求：主蒸汽8.5MPa/380℃，再热蒸汽 1.4MPa/340℃。而调试经验证明，锅炉难以满足汽轮机的参数要求，因为若要将主汽压力升到 8.5MPa，必须增加燃料量，而加大燃料量后，炉内烟气流量增加，烟气温度增高，使过热蒸汽温度在汽轮机冲转前就达到了 400℃以上，超过了厂家的推荐值，将会在汽机的冲转升速过程中，产生较大的汽机转子热应力；其次，蒸汽压力过高，对机组暖机过程不利。

2. 厂家提供的启动说明

当蒸汽入口最低压力大约 6.0MPa，过热度 56℃，但是最高温度不超过430℃，真空度达到最高时，以 100r/min 的升速率升速到 400r/min，摩擦检查。检查没有异常后机组重新挂闸，以 100r/min 的升速率升速到 1000r/min，中主阀全开，退出进汽调节，以 100r/min 的升速率升速到 2250r/min，进行中速暖机。暖机结束后以 100r/min 的升速率升速到 3000r/min，暖机。

3. 启动过程策划

（1）机组冷态启动（高压进汽蜗壳处金属内壁温度小于 140℃）前，调整主蒸汽压力 6.0MPa，主蒸汽温度不高于 430℃，再热蒸汽压力 0.4MPa，再热蒸汽温度不高于 390℃。

（2）启动模式选择操作员自动方式，机组挂闸，汽机启动前，当应力裕度不满足启动条件时，需要进行暖阀操作。

（3）暖阀完成后，全开高压主汽门（MSV 阀），设置目标转速 400r/min、升速率 100r/min。

（4）按下"进行"键，开始冲转，高压调门（GV）、中压主汽门（RSV）、中压调门（ICV）逐渐开启，参与控制。

（5）间隔数 s 后，汽轮机转速增大，盘车装置自动脱开。

（6）当汽轮机定速 400r/min 时，打闸进行摩擦检查；关闭所有阀门以聆听是否有摩擦声或其他异常噪声及转子惰走情况。

（7）摩擦检查无异常，机组重新挂闸，选择目标转速 1000r/min、升速率 100r/min，重新升速。

（8）汽轮机转速达到 1000r/min 时，中压主汽阀（RSV）全开，中压缸进汽由中压调阀（ICV）控制。

（9）继续以升速率 100r/min 升速至暖机转速（2250r/min），开始暖机；维持启动程序所要求时间（如图 3-1 所示），以加热高、中压转子；在此期间，进口温度升高到 430℃ 以上，但递增率应不超出 56℃/h。

（10）暖机结束，以升速率 100r/min 升速至 3000r/min；汽轮机转速保持在 3000r/min 进行暖机，维持启动程序所要求时间（如图 3-1 所示），减小启动期间转子热应力。

（11）汽轮机定速后，全面检查机组各参数是否正常。

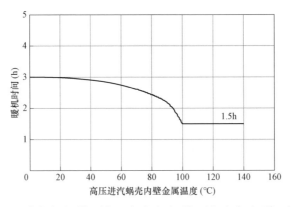

图 3-1　冷态启动暖机时间（包含中速暖机时间和高速暖机时间）

注：冲转前的旁路控制方式：控制高旁开度大于 90%，低旁开度大于 90%。若冬季启动，从空冷凝汽器进汽至最小防冻流量需在 2h 内达到具体要求参见表 3-8。采用控制燃煤量和减温水的方式调节主蒸汽和再热蒸汽温度，主汽温度、再热汽温度按照 430℃ 上限掌握；控制目标：主蒸汽压力 6MPa 左右，温度 420℃；再热蒸汽压力 0.4MPa 左右，温度小于 380℃。

表 3-8 冬季汽轮机冷启动及运行时 ACC 最小需要的热负荷和气温的关系

环境温度（℃）	最小防冻热量（MW）					最小防冻流量饱和态（t/h）					冷启动达到最小热负荷时允许的运行时间（h）
	蝶阀关闭数量					蝶阀关闭数量					
	0	1	2	3	4	0	1	2	3	4	
0	121.1	105.9	90.8	75.7	60.5	202.2	176.9	151.6	126.4	101.1	
−5	154.4	135.1	115.8	96.5	77.2	257.8	225.5	193.3	161.1	128.9	
−10	194.2	170.0	145.7	121.4	97.1	324.4	283.5	243.3	202.7	162.2	
−15	241.8	211.6	181.3	151.1	120.9	403.8	353.3	302.8	252.4	201.9	2
−20	298.2	261.0	223.7	186.4	149.1	498.0	435.8	373.5	311.3	249.0	
−25	365.0	319.4	273.8	228.1	182.5	609.5	533.4	457.2	381.0	304.8	
−29	427.0	373.6	320.3	266.9	213.5	713.1	623.9	534.8	445.7	356.5	

4. 启动初期的旁路

点火后到汽轮机冲转前，整个系统为纯旁路运行。锅炉产生的蒸汽全部经过高压旁路、再热器和低压旁路，最终进入 ACC。点火前，高、低压旁路必须投入并保持正确位置。

根据高压旁路在启动过程中的作用，可分为启动阶段、定压阶段和滑压阶段 3 个阶段。锅炉点火前，应先将高压旁路的最大阀位和最小阀位设置好。根据实践结果，在启动阶段高压旁路最大阀位为 50%～60%，已足够满足锅炉启动时的需要；而最小阀位设为 20% 是为了启动时保持再热器有一定的蒸汽流量。随着燃烧量逐渐增加，主汽压力上升到冲转压力，高压旁路控制进入定压方式运行，维持恒定的汽轮机冲转条件，直到机组并网为止；在这个阶段，高压旁路开度是始终不断增加的，增加的程度取决于燃烧量的多少。

5. 启动时过热蒸汽温度的控制

在机组冷态启动调试初期，锅炉在点火升温升压过程中，过热汽温上升较快，很难控制。根据直流锅炉本身的结构特点，要求点火时就建立起足够的启动流量和启动压力，保证所有受热面的冷却。这意味着在锅炉启动过程中，从汽水分离器出来的大量饱和水没有送到省煤器或水冷壁入口，而是送到凝结水箱；其携带的热量没有进入锅炉循环，而是通过凝结水箱散失，导致炉膛温度较低，水冷壁产汽量小，进入过热器的蒸汽量很少，造成过热汽温升高。鉴于以上情况，主要采取如下措施：

（1）利用辅汽对除氧器水箱加热，尽量提高给水温度，有利于提高水冷壁温度，增加水冷壁的产汽量。较高的炉水温度也有利于锅炉的热态冲洗，使水质尽快达到要求。

（2）尽量减小锅炉最低质量流速、控制给水流量的稳定。充分利用高、低压旁路的控制功能对超超临界直流炉与汽轮机进汽参数很好地进行匹配。调试初期旁路的控制要求：锅炉冷态启动点火后，投入旁路系统，当分离器出口压力大于 0.5MPa 后，高旁阀开至最小开度 20%，高旁减温水阀投自动，控制高旁阀后温度不超过 250℃，有利于降低再热汽温，当机组并网后将高旁温度设至 300℃；低旁设定 0.5MPa，低旁后温度控制在 80℃以下；三级减温水阀在低旁阀开启的情况下全开。随着主汽压上升，高旁阀逐渐开大，直至主汽压升至冲转压力 6MPa，高旁开至 60%，旁路阀处于调压状态（控制冲转压力），锅炉稳定该工况直至机组并网。启动阶段高旁阀的最小开度（20%）是经过计算能够保证锅炉启动过程中烟温大于 538℃的情况下有足够蒸汽冷却再热器。

6. 高中压缸联合启动的要求

（1）主、再热蒸汽过热度必须大于 56℃；冷态启动主汽温度最高不超过 430℃；启动过程中主汽温、再热汽温差不大于 40℃。严格按照启动曲线要求的暖机点和时间进行暖机，暖机时各内缸金属内壁温度变化率不超过 2℃/min。汽轮机主汽门控制切至调门控制时蒸汽室金属温度应高于主蒸汽压力对应的饱和温度。

（2）汽轮机启动前确认高压主汽阀、调节阀金属温度，若金属温度低于 150℃需要在启动前对阀门腔室进行预热，以减小冲转时的金属热应力，所使用的预热蒸汽至少具有 20℃以上的过热度，且阀体金属温升率不应超过

2℃/min。决定进汽条件时，应考虑到蒸汽温度与进汽蜗壳内壁金属温度间的温差和蒸汽过热度（防止通流内出现湿蒸汽）。根据进汽蜗壳内壁金属温度和蒸汽过热度计算出汽轮机启动蒸汽温度。

（3）冷态启动过程中，中速暖机对控制差胀、膨胀以及滑销系统有利，可在2250r/min时进行暖机，暖机时间见图3-1。

（4）启动至3000r/min及初负荷时，高压缸排汽压力小于再热汽压力时，高压缸排汽逆止门不许打开，通风阀应开启，防止高压缸排汽端过热。在并网前，高压第一级后压力与排汽压力之比应大于1.7，且排汽温度须低于427℃。

（5）高、中压缸联合启动方式中，高、中压缸均有蒸汽流过，既要保证中、低压缸冷却蒸汽流量，又要防止高压缸的鼓风发热。在冲转过程中，由于进入高压缸的流量小，带不走高压缸末级叶片产生的鼓风发热，所以高压缸排汽（下称高排）温度成为汽轮机遮断保护之一。冲转期间高排逆止阀保持关闭，高排通风阀及管路成为高排的唯一通道，进入高压缸的蒸汽经该管路排入汽轮机疏水扩容器后进入凝汽器。高压缸排汽压比反映高压缸通流部分蒸汽流速的大小，压比小，蒸汽流速小，鼓风摩擦热量带不走，高压缸排汽温度高，容易损坏高压转子。

（6）低压缸的叶片越长，转速越高，鼓风发热越剧烈。正常带负荷运行时，中压缸排汽流量能够满足带走低压缸因鼓风产生的热量。低负荷时如果中压缸进汽量小于高压缸进汽量，在低压缸内就会产生严重的鼓风发热；这时应尽量增大中压缸的进汽流量（大于高压缸的流量）。

四、启动及运行中的重点问题

1. 高排温度高

在高、中压缸联合启动过程中，高压旁路阀处于开启位置，有一部分蒸汽经高压旁路去再热器，高压缸进汽流量少，在同步转速及低负荷运行过程中，高压缸鼓风现象较为严重，所以高排温度成为启动中重点监视的参数之一。启动过程中要求旁路和高排通风阀以及各调门默契配合，并网前，再热汽压力不应控制过高，最高不超过0.828MPa。再热汽压力过高，并网后高排通风阀无法满足高缸进汽量的排放，造成高排温度超过限值或高排压比低（小于 1.7）而引起机组遮断。

2. 胀差

转子与汽缸沿轴向膨胀之差称为胀差。当转子轴向膨胀量大于汽缸轴向膨胀量时，胀差为正，反之为负。汽轮机在启动及升负荷时，胀差为正；在停机或减负荷时，胀差为负。胀差产生的原因有：① 转子和汽缸的金属材料不同，热胀系数不同；② 汽缸质量大与蒸汽接触面积小，转子质量小与蒸汽接触面积大；③ 转子转动，因此蒸汽对转子表面的传热系数比对汽缸表面的放热系数大。胀差使通流部分动静沿轴向间隙发生变化，可能造成动静部件的碰撞和摩擦，延误启动时间，引起机组振动、大轴弯曲等严重事故，降低了经济性，重则甚至毁坏整台机组。因此，机组启、停和工况变化时，要密切监视和控制胀差的变化。影响胀差的主要因素有以下几点：

（1）主、再热蒸汽温度升降速度的影响。产生胀差的根本原因是汽缸与转子存在温差，蒸汽温升过快，转子与汽缸的温差增大（转子的温度升降比汽缸快），胀差也大。因此，在启/停机过程中，控制蒸汽的温升/温降速度，就可以达到控制胀差的目的。在选择冲车参数时要严格按照规程规定执行，控制好主、再热汽温升速度；当蒸汽与汽缸金属温差缩小，金属温升开始变缓，使胀差回落，就可以继续升参数、升负荷；否则，升参数过快就会造成转子温升快于汽缸，同时胀差增大。

（2）轴封供汽温度和时间的影响。由于轴封供汽直接加热或冷却汽轮机大轴，造成大轴伸缩。冷态启动时，在冲转前向各轴封供汽，由于供汽温度高于转子温度，转子局部受热伸长，汽缸膨胀相对于转子轴向膨胀微乎其微，胀差增大，可能出现轴封摩擦现象。热态启动时，为防止轴封供汽后出现负胀差，轴封供汽应选用高温汽源，且要先向轴封供汽，后抽真空。并尽量缩短冲转前轴封供汽时间。可见，选择适合的轴封供汽温度和供汽时间可以减小胀差因素对汽轮机启动、运行的影响。

（3）机组负荷变化速度的影响。当负荷变化时，各级蒸汽流量发生变化，特别是在低负荷范围内，各级蒸汽温度变化较大，负荷变化速度越快，蒸汽温度变化越快，与金属表面间温差也增大，转子温度变化快于汽缸温度变化，造成胀差增大或缩小。严格控制机组负荷变化速度，是控制胀差的重要手段。

（4）真空对胀差的影响。在汽轮机启动过程中，当机组维持一定转速或负荷时，可用通过改变机组真空的方法调整胀差。在升速和暖机过程中，当真空降低时，若保持机组负荷不变，必须增加进汽量，使高压转子受热伸长，高压胀差随之增大；使中、低压转子鼓风摩擦热量被增加的蒸汽量带走，胀差减少。真空高低对中、低压胀差的影响与高压缸相反，这是由于中、低压转子叶片较长，摩擦鼓风产生的热量比高压转子大，当真空降低时，中、低压转子鼓风摩擦热量被增加的蒸汽量带走，故胀差减少。因此，在升速和暖机过程中不能用提高真空的办法来减小中、低压通流部分的胀差。

（5）润滑油温的影响。润滑油温直接影响轴瓦处轴径的温度，通常油温变化 9～12℃，胀差变化约 0.2 mm。在盘车过程中，油温也不宜过低（不低于 35℃）。润滑油温度控制范围为：启机过程中，润滑油温不低于 35℃；1000r/min 时，油温 40℃；3000r/min 时，40～45℃。

（6）转子的泊松效应。泊松效应亦称泊桑效应，也称回转效应，即转子高速旋转时，受离心力的作用，使转子发生径向和轴向变形，大轴在离心力的作用下变粗变短；当转速降低时，离心力的作用减小，大轴的径长又回到原来的状态，变细变长。故在相同温度条件下，高速转动转子的轴向尺寸较静止时小，因而对胀差产生影响，特别是对低压缸转子的影响显著，过往经验，在打闸停机过程中明显见到低压缸胀差增大 2mm。

3. 润滑油系统故障

（1）主机润滑油系统的消缺，一般均要停运整个润滑油系统才能进行，而主机润滑油系统的停运受多方面因素限制，最主要的是受主机缸温的限制，因而在机组试运阶段，如果主机润滑油系统出现问题，耽误工期一般较长。

（2）在润滑油系统设备安装与初次投用前，应对相关设备与管道进行彻底的检查与清理，及时发现设备的缺陷，做到防患于未然。

（3）润滑油油质是润滑油系统最薄弱的一个环节，在润滑油系统投用后，尤其是在机组试运整个过程，务必加强润滑油系统的管理和对油质的监督。

（4）在机组启动初期，应加强对与润滑油系统运行参数的记录与分析，并与同机历史记录、同型式机组运行参数的对比，不放过每一个疑点，尽早发现与解决问题；在试运过程中加强对主机润滑油系统的巡检与监视，及时发现问题，避免事故的扩大。

（5）主机润滑油系统启停方便，宜被忽视，但系统缺陷如不能及时发现与处理，都会导致主机烧瓦、大轴损坏事故，因此务必引起重视。

4. 真空泵汽化

直接空冷机组真空容积非常庞大，排汽压力普遍比湿冷机组高约 10～20kPa；尤其在夏季，排汽压力会随着环境温度持续升高且不稳定，成为制约直接空冷机组正常带满负荷运行的重要因素，对机组的安全、经济、稳定运行产生巨大的影响。保持机组排汽压力主要是由空冷凝汽器实现的，而非真空泵；但是，水环真空泵工作特性的改变将直接影响直接空冷排汽压力的水平。在湿冷机组中，水环真空泵的工作状况在全年变化不明显；但直接空冷机组夏季运行，真空泵出力水平下降，对机组带负荷影响明显。

在真空泵的连续运转过程中，不断地进行着吸气、压缩、排气的过程，从而达到连续抽气的目的。由于水环式真空泵是利用水作为工质进行工作的，所以泵体内的水温决定了各小室内空间在旋转过程中所能达到的真空。就是说，最高真空是由水的汽化压力所决定的，而水的汽化压力就是当时当地水温下的饱和蒸汽压力。因此，作为工质的水应当及时予以冷却，使其尽可能地达到最低温度。在其他条件不变的情况下，真空泵的密封冷却水温度是制约水环真空泵性能的主要因素。

由于排汽压力在夏季持续升高，水环真空泵抽气温度经常高达 65～70℃，远远超过泵的最大允许入口工作温度；泵密封水的换热设备只能满足湿冷和直接空冷机组在设计范围内运行，遇到泵的入口抽气温度大于设计温度时，密封水冷却器就不能满足水环真空泵的正常工作，密封水无法达到运行要求，温度超过饱和而汽化，严重影响真空泵的抽真空能力，致使空冷器内不凝结气体不能及时被抽走，换热效果下降，背压开始恶化。

直接空冷系统中的高温凝结水源源不断的流入真空泵的汽水分离器，汽水分离器的水温持续高温，水位处于溢流状态，密封水冷却器不能达到冷却要求，使真空泵运行状况进一步恶化；水环真空泵入口吸入温度的上升，会促使形成水环真空泵汽化，对水环真空泵的叶轮造成严重汽蚀，使真空泵效率进一步减低。如果此时由于系统某处真空泄漏或 ACC 系统本身不严密，排汽压力则会在比较大的范围内波动，不但影响机组的经济性，而且更威胁机组的正常安全运行。应对措施如下：

（1）去掉凝结水补水，直接由除盐水补水，降低补水温度。

（2）增加密封冷却水冷却器规格，加强系统维护，使冷却器高效运行。

（3）加强真空系统的检漏工作，尽量减少真空系统的漏空，降低真空值。

5. 凝结水含氧量高

凝结水溶氧超标的原因主要有两个：① 真空系统空气漏入量大造成；② 补入的除盐水不能有效除氧。空冷机组凝结水溶氧要满足化学监督要求，首先是机组真空严密性达到要求，特别是真空系统中凝结水部分出现泄漏，比如阀门和泵的盘根部分泄漏等，要重点关注；其次是增强对凝结水补水的除氧，目前主要有这几种除氧设计方案：① 在凝结水箱增加填料式除氧装置并引入排汽除氧；② 在凝结水箱增加喷雾式除氧装置并引入排汽除氧；③ 把补水引至空冷凝汽器入口雾化。这三种除氧设计方案具体内容如下：

（1）凝结水的残余溶氧在凝结水箱中利用热力除氧原理除去，为提高凝结水箱的除氧效果，应在凝结水箱中装设足够数量的雾化喷嘴，保证进入凝结水箱的凝结水全部从喷嘴喷出雾化，加大凝结水的受热面积，同时引入排汽或外部汽源在凝结水箱内与雾化水逆流接触，增强除氧效果。

（2）把补水管接到置于排汽管道内部的水环，水环上安装有雾化喷嘴，补水经喷嘴雾化喷出，与汽机排汽充分混合受热，完成热力除氧，补水和部分排汽的凝结水一起从排汽管道底部接出的疏水管进入凝结水箱。这种补水方式还可减少进入空冷凝汽器的排汽量，提高机组的热经济性。

（3）把补水补入蒸汽分配管上，一方面，可以保证补水有可靠的汽源加热；另一方面，补水位置在最高处，落差大，汽水有充分的接触加热时间，能够保证回热到饱和温度，同时析出的气体可以很容易地被真空泵从管道排到大气中。

五、经济性运行的措施

（1）维持真空泵的工作液温度在较低水平。

（2）在运行过程中避免疏水阀门误动作，确保关闭严密。对影响真空的阀门内漏进行查找并处理。

（3）加强对加热器端差的记录、分析，发现端差变大及时分析、处理，如是加热器内有空气等不凝结气体，可开大加热器抽空气门至端差正常；如是加热器传热管脏污可在隔离时进行清洗，如是水位过高淹没管束，则要调整至正常水位。

（4）高压加热器投运过程中要按照厂家规定，严格控制温升速度，维持水位在正常位置。提高高压加热器投入率，避免高压加热器全部解列，创造条件只解列故障高压加热器，尽量利用停机时间对加热器进行消缺。消缺过程中，系统隔离要严密，要避免加热器解列时间过长。

（5）保证加热器水位自动高投入率，加热器有水位运行，时刻关注加热器下端差是否在设计值范围内，如偏离较大，应手动调整。

（6）定期记录加热器及抽汽参数，发现抽汽压损高于设计值，应及时查找原因，重点查看逆止门和电动门的开度。

（7）加强对汽机、锅炉侧给水温度的对比，发现高压加热器旁路门存在泄漏，应及时采取措施，如是开不到位，可重新整定行程，如是阀门本体的原因则要进行检修。以上情况也适用于低压加热器旁路的检查。

（8）加强设备系统的检查、巡视，采用测温、耳听等方法检查系统泄漏情况，发现漏点及时消除，机组运行中不能处理的要带压堵漏。

（9）机组启动运行过程中，应及时关闭疏水阀门并确保关闭严密，设有自动疏水器的应及时投运。

（10）因检修需要而打开的放水阀，检修结束后系统投入时应检查放水阀门关闭严密，如有泄漏且条件允许应停止系统的投入，检修人员将阀门处理后才可将系统投入正常运行。

（11）除氧器从启动状态转为正常运行后，应及时将启动排氧阀关闭，视给水溶氧情况调整连续排氧阀，避免不必要的浪费，且减小噪声。

（12）正常运行时要经常检查全厂放水系统的运行状态，发现不明泄漏时要尽快查找并处理；阀门泄漏或误开，要及时采取隔离措施。

（13）经常检查安全阀后温度，倾听阀门是否有泄漏声，如发现安全阀泄漏或回座不到位的要及时处理，整定值偏低的要重新整定。

（14）保证主、再热汽温度在设计值，升降负荷时按照滑压曲线运行，不需要的减温水和杂用水及时关闭。

（15）运行中，背压保持在阻塞背压以上。高压门杆漏汽及时回收，减小高品质蒸汽浪费。

（16）及时关闭各辅机再循环阀，避免再循环管道剧烈振动，且增加辅机能耗。

（17）合理调整水泵出口压力，满足系统运行要求；尽量使水泵工作在最佳效率点，避免浪费。

（18）及时调整冷却水量，降低冷却水系统能耗；调整冷却水温度在设计值，尽量保证冷却风机在经济转速运行，降低能耗。

（19）合理调整泵密封水流量，减少不必要浪费。

（20）加强对 10kV 辅机的经济分析调整。

（21）合理安排启停机过程中辅机系统的运行方式，尽量缩短辅机运行时间，尽可能不采用旋转备用，辅机达到停运条件时及时停运。

（22）风机的自动调节除考虑机组背压外，还应考虑凝结水过冷度。在耗电最小情况下调节风机转速，并保持最佳的排汽压力和凝结水温度。

六、系统优化

1. 通风阀的优化

大容量汽轮机在打闸停机后高压主汽门及调门快速关闭，汽轮机转子继续惰走，但此时高压缸内的蒸汽不再流动，无法带走因高压转子鼓风产生的热量，导致高压缸内温度急剧上升，会造成高压转子叶片因超温而烧损，因而一般在高压缸排汽设置通风阀，带走鼓风热量。通风阀还可以布置在一段抽汽管道上，或布置在高压导汽管上，在汽轮机跳闸的同时，通风阀快速开启，将高压缸内的高温蒸汽快速排至凝汽器内，以保护高压缸的安全。

2. 疏水控制及优化

疏水系统的功能是去除汽缸和管道在预热过程中产生的凝结水。如果疏水不充分，可能导致汽缸底部积水、上下缸温差增大，导致汽缸变形；同时管道积水进入汽缸，产生水冲击，造成动、静叶的损坏；管道积水还导致撞管发生，造成管道和支吊架损坏，以及汽轮机对中变化。

（1）主、再热汽管道疏水与本体疏水分开。以往工程发生过将管道及本体疏水接入扩容器同一疏水集管，易造成机组启、停时，大量的主蒸汽、再热蒸汽通过疏水管进入扩容器疏水集管，引起疏水集管局部压力升高，通过本体疏水管道返进汽缸，造成上下缸温差大；尤其是停机时，蒸汽返进汽缸后，继续膨胀做功，使汽机无法降至零转速。针对这种情况，将对主、再热汽疏水与汽机本体疏水接至不同的两个扩容器疏水集管，避免蒸汽窜回汽缸的问题，使疏水系统更为安全可靠。

（2）主、再热蒸汽管道疏水控制。主、再热蒸汽管道疏水由机组负荷来控制，虽然简单、可靠，但也不尽合理。机组负荷小于 10%额定负荷期间，主汽疏水长时间排放的大多是高温高压蒸汽，高位工质损失很大，同时增加了扩容器负担，加重了对疏水管道及疏水集管的冲刷。机组突然解列时，蒸汽参数很高（接近机组正常运行时的参数），问题将更为突出。

鉴于此，可采用机侧主汽温度与锅炉分离器出口蒸汽温度之差来控制，即在机组启动过程中，当两处的蒸汽温度之差大于 50～60℃时，主蒸汽管道疏水阀自动关闭。此时，若蒸汽参数不能满足汽机冲转要求（如机组极热态启动），应加大汽机旁路流量，提高主蒸汽参数，使之满足机组启动要求。在机组正常停机过程中，当两处的蒸汽温度之差小于 50～60℃时，自动开启主蒸汽管道疏水阀。汽机跳闸时，除急需消缺开启疏水阀之外，没有必要开启疏水阀，以储存管内蒸汽及其热量，减缓管道的冷却速度，缩短机组再次启动时间。

主蒸汽管道金属储存的热量较多，自然散热冷却需要的时间相当长，当再考虑保温材料储存的热量时冷却时间会更长。除主蒸汽管道发生意外进水事故外，机组停运之后要经过相当长的一段时间，主蒸汽管道中才能出现积水（主蒸汽凝结水），这也说明主蒸汽管道疏水阀的启闭没有必要用机组负荷来控制。同样，高温再热管道管径大、管壁较厚，金属储存的热量也较多。汽机跳闸后在高温再热管道中储存的过热度大、压力低的高温再热蒸汽在相当长的时间里不会凝结成水。因此，建议再热热段管道疏水阀用机侧再热热段蒸汽温度与再热冷段蒸汽压力对应的饱和温度之差来控制；如果不考虑由蒸汽压力计算饱和温度，也可采用再热热段蒸汽温度与再热冷段蒸汽温度之差来控制，即在机组启动过程中，当冷热温度之差大于 50～60℃，再热热段管道疏水阀自动关闭；机组停运后，当温差小于 50～60℃时，再热热段管道疏水阀自动开启。对于低温再热管道仍然由疏水罐的水位控制疏水阀的启闭。

汽机进水事故的主要由再热器事故喷水倒流和高压给水漏入高压加热器汽侧引起的。应加强措施，防止再热器事故喷水过量和高压加热器内漏事故发生。如：选用调节品质好的优质事故喷水调节阀，以防止再热器事故喷水过量；当高压加热器汽侧水位达到高Ⅲ时，高压加热器切除运行，以防止给水沿抽汽管道倒流进汽缸。总之，不用机组负荷控制三大蒸汽管道疏水，可以减少高参数蒸汽进入高压疏水扩容器，减轻扩容器的负担，降低热冲击的影响，从而降低焊缝开裂、扩容器鼓包、裂纹等故障发生的可能性，延长高压疏水扩容器的使用寿命；同时，可缩短机组再次启动的时间，还可避免高压疏水扩容器的低温蒸汽返回汽缸对汽机所产生的伤害。

综上所述，对主汽、再热管道疏水的优化如下：

（1）管道疏水与本体疏水接入不同的扩容器疏水集管，避免冷蒸汽通过疏水进入汽缸的危险。

（2）采用温差控制疏水阀，减少或避免高参数蒸汽进入扩容器，减轻高压疏水扩容器的负担。

第三节　甩负荷试验深度调试技术方案

一、设备系统简介

陕西国华锦界电厂三期扩建项目汽轮机为哈尔滨汽轮机厂有限责任公司研制（简称哈汽）的一次中间再热，单轴、三缸、两排汽 N660－28/600/620型超超临界直接空冷反动式汽轮机。汽轮机控制系统采用哈尔滨汽轮机厂配套的和利时高压全电调控制系统，由 DEH、ETS 组成，该系统采用数字计算机作为控制器，电液转换机构、高压抗燃油系统和油动机作为执行器，负责汽轮机的挂闸、冲转、同期、负荷控制和危急遮断。通过调节保安系统的控制，实现机组的安全运行与遮断。该系统在结构上具有可扩展性、高可靠性，并配备冗余的汽轮机转速/负荷控制器。机组 TSI 及 DEH 均设置了电超速保护，定值为110%额定转速；此外还设置了 OPC 超速控制系统，定值为103%额定转速，当机组转速达到该定值或发生甩负荷时，OPC 将使高、中压调门快速关闭，抑制转速的进一步上升。

查阅设计院施工图统计与主机相关联的管道长度及其管径见表3－9。

表3－9　　　　　　　　抽汽相关管道主要尺寸

序号	管道名称	标高变化（m）	管道长度（m）	管道通径（mm）
1	冷再到高排逆止门	64～39	52	DN850、DN600
2	主蒸汽疏水	66～23.7	30	DN50
3	一段抽汽到抽汽逆止门	64～51	27.5	DN100
4	二段抽汽到抽汽逆止门	64～51	19.5	DN175
5	三段抽汽到抽汽逆止门	47～43	17	DN300
6	四段抽汽到抽汽逆止门	64～49	43.7	DN300
7	六段抽汽到抽汽逆止门	64～39	40	DN600
8	七段抽汽到抽汽逆止门	58～44	37	DN600
9	小汽机低压进汽管道	47～43	12	DN500

由表 3−9 可见，锦界三期汽轮机与汽轮机直接连接的蒸汽管道长度远超过常规布置的机组，相应的管道蒸汽容积大幅度增加，会在机组甩负荷时形成大量蒸汽倒流到汽轮机，使得汽轮机转速飞升偏高同时在高转速维持较长时间，因此，机组进行甩负荷试验时，应采取相应的措施，尽量减少机组转速飞升过高甚至超速跳机的可能。

二、甩负荷试验应明确的问题

（1）甩负荷试验应是考核汽轮机调节系统的动态特性，测取动态过程有关参数的过渡过程曲线，验证调节系统和超速保护控制系统 OPC 的品质，计算特征值。

（2）甩负荷试验时，除机组的部分大联锁保护解除外，机组及其辅机的其他主要联锁保护应满足甩负荷试验要求；试验应在机组稳定运行、回热系统全部投入状态下进行。

（3）汽轮机甩负荷后，要求超速保护应不动作，动态过程能迅速稳定。机组及各配套辅机、附属设备和相关控制系统的设计应适应甩负荷工况。试验结束后，在主、辅机设备的运行状况无异常时，应尽快并网带负荷至试验负荷。

（4）试验按甩 50%、100% 额定负荷两阶段进行。当甩 50% 额定负荷后，若第一次飞升转速超过 105% 额定转速，则应中断试验，查明原因，具备条件后，重新进行 50% 甩负荷试验。

（5）在甩负荷过程中，若非调节系统及甩负荷原因造成锅炉灭火，在保证机组安全运行的前提下，可利用机炉蓄热完成汽轮机甩负荷后的动态稳定过程，待汽机转速稳定至 3000r/min 手动打闸，试验结果可视为合格。

（6）在甩 50% 负荷过程中，若非调节系统及甩负荷原因造成汽机跳闸，应对汽机转速过渡过程进行波形分析：过渡过程如果汽机转速趋势趋于稳定、收敛，则过渡过程中的最高转速可视为甩 50% 负荷下的最高转速，并可进行超调量等参数计算。

三、甩负荷调试技术方案目的

锦界电厂三期项目为国产 660MW 超超临界空冷机组，具有"高位布置"、高参数、高容量、高背压的特点。相比较常规布置机组，汽轮机转子时间常数较小，汽缸及管道容积时间常数更大，在发生甩负荷时汽轮机转速飞升可能偏高。本机组设计有比较完善的甩负荷功能，但该功能需针对机组热力系统的设备特性进行优化、整定，以达到甩负荷后各系统处于正常的运行状态、汽轮机发电机组能迅速平稳恢复到额定转速，确保机组的安全性。

（1）对热力系统进行全面检测、调整、优化，以适应甩负荷工况下的剧烈变化。特别是针对单台汽泵、除氧器和汽封等重要设备及系统的汽源切换以及锅炉泄放系统、燃烧、制粉等系统在甩负荷工况下对机组安全影响较大的方面，确保这些主要系统结构合理，容量充足，可满足在甩负荷的剧烈变化工况下的急剧加载（如疏水、旁路、泄放等系统）或减载（燃烧、制粉）的需求。

（2）根据机组热力系统的结构特点，优化联锁保护逻辑，使控制逻辑及联锁保护满足在甩负荷的特殊工况下对热力系统剧烈变化的紧急响应，以达到自动及保护响应迅速、准确的目的。

（3）对甩负荷工况下高排泄放系统及旁路系统的控制模式进行优化。包括旁路的开启时间及开度大小。特别是通过旁路控制再热器压力在合理的范围内，避免造成因再热器压力过高造成的高排温度高等保护动作。

（4）对甩负荷工况下空冷系统的运行模式进行研究和优化，特别是在冬季甩负荷后汽量大幅度减少的工况下，设计可靠有效的控制方法，确保在甩负荷后空冷系统能根据机组热负荷情况进行及时调整，不会发生冻结或冷却量不足等情况，延误机组定速、并网时间。

（5）综合甩负荷工况下，各系统、设备的主要调整方式及运行特性，总结出机组在甩负荷特定工况下的总体调整方案，以达到在甩负荷后能够快速调整、平稳运行、参数维持在正常范围内，缩短机组稳定并网时间，为机组在特殊工况下的运行调整提供可靠、全面的操作依据。

四、甩负荷试验要点

（1）调节系统的稳定性、动态超调量、过渡过程调整时间等动态特性，通常通过甩负荷试验来考核，这是甩负荷试验最主要的目的。

（2）为实现机组快速并网带负荷，要求锅炉不灭火维持燃烧，汽机维持不跳闸、不超速，发电机不过电压，因此甩负荷试验也可检验主辅机的适应能力。

（3）在汽轮发电机组甩负荷后，能有效地抑制转速飞升，超速保护不动作，动态过程能迅速稳定，维持空负荷稳定运行，是对汽轮机调节系统动态特性的基本要求，其性能的优劣对机组和电网安全运行有直接影响。

（4）对于甩负荷全停机组的试验目的只是为了考核动态特性，因此尽量维持锅炉燃烧，如果灭火，机组在不违反甩负荷规程要求的运行条件下，能够使过渡过程平稳收敛，维持空转则可以认为成功。

五、常规法甩负荷试验

一般汽轮机调节系统的考核试验、首台新型汽轮机或调节系统改造后的机组，应采用常规法进行甩负荷试验。

1. 试验方法

（1）发动机并网开关断开，转速飞升，调节汽门关闭，记录汽轮机转速变化过渡过程。

（2）试验按甩 50%、100%额定负荷两级进行。

（3）以转速飞升至转速稳定或转速飞升至危急保安器动作（不合格）为试验的终结。

2. 试验条件

（1）机组已经过满负荷运行考验。主机重要监视参数应在安全运行范围内，设备无缺陷，运行状态良好。

（2）调节系统静态特性试验已完成，达到设计要求。各种运行工况中的动态特性调整已完成，并投用正常。

（3）DEH 调节品质良好，符合标准规定，应设有完善的甩负荷逻辑，电液伺服阀包括各类型电液转换器的性能符合要求。

（4）汽轮机、主要辅机重要监视仪表，尤其是转速表（主控和就地）应投入正常，指示正确，报警及记忆打印功能符合要求。

（5）交、直流润滑油泵、EH 油泵、密封油泵的联锁动作正常。主机润滑油和液压控制油油质合格。

（6）DCS 性能良好，执行机构灵活可靠，能满足甩负荷试验要求。数据采集系统 DAS 及事件顺序记录 SOE 应正常。

（7）OPC 回路检验正常，OPC 触发、复位等设定的逻辑及参数，OPC 复位后 DEH 的给定值、目标值及 PID 控制参数，应满足甩负荷试验要求。

（8）主汽阀和调节汽阀严密性试验应合格。

（9）保安系统动作可靠，超速试验合格。ETS 动作应正常。

（10）阀门活动试验合格。负荷变动过程中，高压调门动作灵活，无卡涩、突跳现象。

（11）液压执行机构蓄能器投用正常。

（12）高、中压主汽阀、调节汽阀总关闭时间应合格，针对高位布置机组建议进行冷态及热态阀门关闭时试验。

（13）高、低压加热器保护试验应合格。

（14）抽汽止回阀、高缸排汽止回阀、通风阀、抽汽电动阀、本体疏水阀和排汽缸喷水阀等联锁动作应正确。各种止回阀应能迅速关闭且严密。

（15）除氧器、小汽机、汽封系统汽源切换正常，备用汽源应能投入。

（16）汽机旁路系统应处于热备用状态，保护动作正常，调节品质良好。

（17）FSSS 应符合规定。MFT 各联锁、保护试验应合格，动作可靠。

（18）锅炉过热器、再热器安全阀、PCV、分离器事故疏水阀校验应合格。过热器、再热器各级减温水阀的严密性应符合要求。等离子点火装置应正常。锅炉炉水循环泵应正常。

（19）保安电源、柴油发电机自动投入功能及带负荷能力应正常，并置于备用位置。UPS 可靠、正常。厂用电系统切换应正常、可靠。直流电源系统应正常、可靠，有足够的容量，各级熔断器配置合理。

（20）发动机过电压保护、发变组保护应校验准确；发动机并网开关、灭磁开关跳合良好；AVR 调整完毕，品质良好。电网频率应保持在（50±0.2）Hz以内。

（21）试验用仪器、仪表应校验合格，并已接入系统，调试完毕。

（22）汽水管道的布置及支吊架的设置应符合规定，可承受试验对管道系统产生的冲击。

（23）甩负荷试验需暂时退出电跳机和炉跳机保护。

（24）检查高排压比低保护是否关联了负荷信号，若未关联则在甩负荷试验过程中临时退出该保护。

3. 甩负荷静态试验

（1）OPC 的甩负荷功能：机组负荷不小于 30%额定负荷，发动机并网开关跳闸，OPC 动作，通过 OPC 电磁阀强行迅速关闭调节汽阀，经 2.5～8s 延时，且转速低于 3090r/min（或 3060r/min），OPC 复位。此功能确保调节汽阀及时关闭，减少转速的飞升，针对高位布置及组建议甩负荷 OPC 保持时间延长至 15～20s。

（2）甩负荷静态试验：在机组停机状态下，进行甩负荷静态试验。将正式甩负荷信号接入高速数据采集器，机组挂闸模拟甩负荷状态，对于甩负荷判定功能中所参照的参数利用信号发生器进行信号模拟。试验前，报中调同意，断开并网开关，观测 OPC 动作、调节汽阀动作状态等信号，检查甩负荷功能及各设备部套的响应是否正常。

（3）在停机状态下进行该项试验时，应尽可能将所有调阀同时进行大幅度的测试，以便考察控制油蓄能器功能是否满足试验要求，以避免在正式试验时因蓄能器压力欠缺在阀门同时动作时造成控制油压力低联泵甚至跳闸。

（4）一般 DCS 的采样周期为 500ms 到 1s，DEH 的关键数据应能够实现不高于 50ms 的高速数据采集；甩负荷试验前应测试 ETS 系统响应时间，并研究优化 ETS 系统跳闸响应速度的方案，尽可能缩短甩负荷时各阀门关闭时间；重点应在试验前测定发电机解列动作至机组 OPC 动作延迟时间，延时不应超过 60ms，否则应查明原因，并处理。

（5）针对高位布置机组各抽汽管道长度显著增加，相应增加了机组甩负荷飞升转速，因此为减小高位机组甩负荷风险，建议进行高位布置机组甩负荷试验飞升转速计算工作，初步验证甩负荷试验安全性。

（6）甩负荷时汽泵失去五段抽汽及六抽补汽汽源，虽然可以提前并入辅汽汽源，但是由于辅汽汽源管道设计管径小，可能无法满足甩负荷工况给水泵汽轮机用汽量要求，造成甩负荷后锅炉给水不足而停炉，应提前估算辅汽带汽动给水泵供汽流量，试运时应开展辅汽带给水泵最大出力试验，确定甩负荷试验时辅汽带汽动给水泵时能够保证锅炉正常给水流量要求，保证甩负荷试验锅炉不灭火，否则试验前应做好锅炉灭火准备。

4. 甩负荷试验前过程记录的准备

（1）试验措施已审核批准，并为运行人员、测试人员及其他参加试验相关人员熟知。

（2）已做好 DCS、就地记录及 DAS 中甩负荷试验数据记录及打印的准备工作。

（3）高速数据采集仪已接线完毕，采集仪宜采用 12 位以上 A/D 转换器实现，采样频率应不小于 500Hz；测试人员已做好甩负荷录波的准备工作并应至少记录并网开关跳闸信号、OPC 动作信号、汽机转速、调节汽阀及参与调节的主汽阀阀位（至少接一路）、机组负荷、汽机跳闸信号等参数。高速数据采集仪测取转速信号，其测量精度应为 ±0.03% 及以上。若 DEH 测速卡件无法满足要求，宜通过直接测量来自汽轮机轴测速齿轮盘的脉冲信号进行。

（4）主辅机及附属设备重要监视项目和调整参数记录，应包括转速、主再热蒸汽压力和温度、调节级压力、高缸排汽压力和温度、给水流量、汽水分离器水位、总风量、润滑油压力、燃料量等。

5. 甩负荷前 24h 内需进行的系统检查及操作

（1）进行厂用电切换试验，确认厂用电切换正常。

（2）进行柴油发电机自启动试验，确认自启动功能正常。

（3）检查汽机的主保护应全部投入且可靠。电超速功能均应在投入状态。锅炉主保护亦应全部投入。

（4）进行抗燃油泵、交直流润滑油泵、顶轴油泵、密封油泵的在线自动启停试验，并确认联锁可靠投入，盘车系统应确认正常。

（5）在线进行高中压主汽阀、调节汽阀的活动试验。

（6）进行逆止阀的在线活动试验。

（7）进行超速保护通道在线试验，确认各保护通道工作正常。

（8）连接试验高速记录装置。

6. 甩负荷前 4h 需进行的系统检查及操作

（1）辅汽系统、轴封、除氧器和汽泵汽源应保持合理运行方式。

（2）分别将主蒸汽、再热汽管道疏水阀开启疏水 2min。高低压加热器应维持正常运行。

（3）保证高低旁系统蒸汽管道做好预暖工作，确认喷水隔离阀已开启，减温水调节阀动作良好，确认高旁和低旁在"自动"方式，高低压旁路的喷水控制处于"自动"状态。疏水扩容器减温水、低压缸喷水应处于"自动"状态。

（4）凝结水箱、除氧器应调整至合理水位，调整方式置"自动"。

（5）检查汽机相关联锁保护状态，应满足甩负荷要求，汽轮机重要参数处于正常范围内。

（6）锅炉运行正常，相关联锁保护状态满足甩负荷要求。确认主蒸汽、再热蒸汽减温水控制在"自动"状态。PCV 阀应处于正常备用状态。

（7）检查确认发电机 AVR 调节装置工作正常，甩负荷时发电机 AVR 在"自动"状态。发电机过电压保护投入。

（8）厂用电切换至启备变。过电压保护投入正常，AVR 处于"自动"，可根据电网要求调整发动机无功功率。

（9）电气相关联锁保护状态满足甩负荷要求。准备好重新并网的操作票。

（10）检查确认 DEH 功能无异常，确认 DCS 没有重要的报警。

（11）检查汽机胀差、润滑油压、油温、轴位移、汽缸金属温差、轴承振动、各轴承回油温度、推力瓦金属温度均应在合格范围内。

（12）检查电网周波稳定，甩负荷时，电网周波为（50±0.2）Hz。

7. 甩负荷前重点岗位的人员安排

甩负荷重点岗位人员布置情况见表3-10。

表3-10 甩负荷时人员布置情况

序号	作业内容	位置	人数	单位
（一）	汽机			
1	监视机头转速表，必要时打闸	机头	2	调试人员，电厂运行
2	汽轮机左右两侧主汽门、调门动作情况	汽机平台	4	电建，电厂运行
3	高低压旁路操作		1	电厂运行
4	辅汽供汽、汽泵打闸		1	电厂运行
5	凝结水箱、除氧器水位调节		1	电厂运行
6	汽机转速和振动值记录		1	电厂运行
7	汽机调门开度状态	主控画面	1	电厂运行
8	汽机轴振，轴向位移，差胀，润滑油温度，轴承金属温度		1	电厂运行
9	控制室负责异常状态下汽轮机打闸		1	电厂运行
10	监视主汽压力、温度，调节级温度		1	电厂运行
（二）	电气			
11	操作发电机紧急停机按钮及灭磁开关按钮		1	电厂运行
12	监视发电机电压和灭磁开关动作情况	主控画面	1	调试人员，电厂运行
13	严密监视发电机系统各参数		1	电厂运行
（三）	锅炉专业			
14	监视主汽压力，温度和减温水流量		1	电厂运行
15	减燃料量，停给煤机，停磨煤机	主控画面	2	电厂运行
16	调整风量，控制炉膛压力		1	电厂运行
17	手操电磁泄放阀		1	电厂运行
18	过热器安全阀，4人操作，4人监护，2人联系	过热器平台	10	电建
（四）	测量工作			
19	录波	电子间	1	调试

续表

序号	作业内容	位置	人数	单位
20	趋势记录打印	电子间	1	调试
（五）	其他			
21	机组保护，自动及仪表维护人员应在主控室等候处理事故	重要设备的现场	若干	调试，电厂，电建
22	设备监护		若干	电建，电厂
23	机、炉、电操作指导		3	调试所

注　以上操作人员须熟知试验要求。

重点岗位分工说明：

（1）确保控制室、电子间、锅炉现场和汽机现场人员之间的通讯顺畅，能够满足试验要求。

（2）试验仪器操作人员应确保高速记录装置记录项目和量程正确。

（3）运行人员应分别监视、调整除氧器、凝结水箱水位及对高、低压旁路的操作。

（4）设有专人监视汽机转速、瓦振、各调门开度、轴振、胀差、轴位移、真空、排汽温度及各轴承温度等参数，还应有专人负责机组在异常状态下停机的准备工作。

（5）就地设一人监视汽机转速，设四人监视主再热调门动作情况。

（6）电气专业一人准备听命令操作甩负荷试验按钮，一人监视发电机过电压保护、励磁调节器及灭磁开关的动作情况，并随时准备手操灭磁开关。电气人员应密切监视发电机各参数的变化。

（7）锅炉专业应设三名运行人员，分别负责负压调节、制粉系统调节（准备好磨煤机的停运工作）及主、再热汽压力监视。

（8）在锅炉主汽、再热安全门位置设专人，随时与主控联系准备手动开启安全门。

（9）机组的保护、自动及仪表维护人员应在主控值班，听从指挥处理事故。

（10）在高排及1、2、3、4、5段抽汽逆止门处设有专人监视甩负荷后关闭情况，必要时手动关闭。

8. 甩负荷试验过程

（1）甩负荷试验前的检查准备。

1）进行甩负荷主要设备工况确认，见表 3-11。

表 3-11 甩 负 荷 确 认 表

序号	甩 50%负荷	甩 100%负荷
1	锅炉四台磨	锅炉五台磨
2	润滑油温 38～45℃	
3	凝结水箱水位较正常水位高 100mm	
4	背压<28kPa，空冷风机运行正常	
5	除氧器水位维持正常水位值-200mm	
6	燃烧器置于正常运行位置	
7	系统周波（50±0.2）Hz	
8	高、低压旁路疏水暖管充分，处于热备用状态	
9	辅助蒸汽系统汽源可靠	
10	轴封供汽已切至辅汽	
11	除氧器用汽已切至辅汽	
12	汽泵用汽已切至辅汽	
13	炉膛负压正常、稳定	

2）联系中调，确认中调已完成甩负荷试验准备工作，可以进行甩负荷试验。进行甩负荷前 30min 准备，发出"距甩负荷试验还有 30min"的通告。

3）检查确认参与试验的所有人员已在各自规定的位置上。运行画面分配已完成。现场总指挥对现场通信设备进行核对，保证联络通畅。

4）调整除氧器、凝结水箱水位在正常水位。

5）将高、低旁开至 5%的开度。

6）解除发电机跳闸联跳汽轮机、锅炉 MFT 联跳汽轮机二条联锁。

7）检查上述工作完成后，发出"距甩负荷试验还有 1min"的通告。

8）将各给煤机煤量减至最小，同时维持炉膛负压在 100Pa 左右。

9）对减温水隔离门及调门进行预调整，防止甩负荷后汽温突降。

10）甩 50%负荷试验开始前 40s，以 10s 的时间间隔停各给煤机，同时注意调整炉膛负压；甩 100%负荷试验开始前 40s 开始，以 5s 的时间间隔停各给煤机，同时注意调整炉膛负压。

（2）甩负荷试验操作过程。

1）甩负荷前 10s 开始倒计时，同时依次从上层至下层停磨煤机。停磨的速度以倒计时至"1"时，停下计划停运全部磨煤机为准掌握。

2）倒计时到"3"时，高速记录装置开始记录。

3）口令到"甩"时，断开发电机主开关，如果灭磁开关没有动作，手动断开灭磁开关。

4）甩负荷后注意控制凝结水箱、除氧器的水位。

5）甩负荷后检查各抽汽逆止门关闭情况；检查并调整汽封压力、除氧器压力；检查轴位移、胀差、排汽缸温度、发电机氢温；检查机组振动、瓦温、油温、轴承回油温度等参数；检查空冷系统运行情况，确认机组真空在正常范围内。以上检查项目均落实到人，若发现异常应立即报告并及时进行调整。

6）甩负荷的同时开启电磁泄放阀；如果过热器压力上升到安全门动作值而安全门没有动作，则手拉过热器安全门。

7）甩负荷后大开低旁阀，根据试验具体情况调整高旁阀开度。

8）若在冬季环境温度低于 0℃，则应密切监视空冷系统各主要温度测点，特别是在汽量减少后，若出现管束温度急剧下降的情况，则应立即启动防冻程序，以避免空冷管束发生冻结现象。

9）由于甩负荷后调阀动作频繁、剧烈，会造成控制油压力的大幅度波动，并导致控制油管的剧烈振动，就地检查人员应尽可能远离控制油管束，特别是接头、锁母等部件。一旦发现大量泄漏情况应及时汇报主控室，并打闸停机。

10）甩负荷后机、电、炉操作人员按措施及作业程序执行，未做特殊规定的各专业按运行规程进行处理。

11）甩负荷试验完成后，报告试验总指挥，并尽快重新并网带负荷至试验前负荷。

（3）甩负荷试验失败的常见问题如表 3 – 12 所示。

表 3 – 12　　　　　　　　　甩负荷试验失败的常见问题

序号	常见问题	原因
1	误操作打闸	通信不畅，误发指令
2	汽机转速频繁波动，过渡时间过长	旁路控制不当，主、再热器压力过高
3	造成高排温度高保护动作	旁路控制不当，高排逆止阀或泄放阀未正常开启
4	高排压比保护动作	高排压比保护未关联负荷
5	汽温骤降，造成打闸停机	锅炉燃烧强度削减过快或减温水过多
6	调阀关闭后无法正常开启	控制逻辑检查不全面，或设计不合理，有其他如压力等条件限制 OPC 电磁阀的动作

9. 应对机组甩负荷转速飞升的措施

（1）当发电机解列时，缸体疏水联锁开启，管道容纳的蒸汽通过缸体疏水排放到疏水扩容器，汽轮机高、中压缸会形成正向流动的蒸汽，使得汽轮机转速飞升偏高，甚至多次触发 OPC。如果有可能，向设计单位提议前移各段抽汽逆止门，减少蒸汽管道连接容积，从根本上解决汽轮机转速飞升过高的隐患。

（2）在现有设备状态下，修改机组控制逻辑，取消发电机解列联锁开缸体疏水逻辑，或增加延时，发电机解列后的 1～3min 后再开启汽轮机缸体疏水。这样的时间差可以使汽轮机转速基本稳定后在开启缸体疏水，保证 DEH 在可控范围内。

（3）机组甩负荷预估将会自动触发 OPC 功能，关闭主、再热调速汽门，汽轮机转速下降，当汽轮机转速低于恢复转速后，OPC 功能复归，机组维持额定转速运行。当机组进行甩负荷试验时，DEH 会保持 OPC 功能 8～15s，为了保证本机组甩负荷成功，进行试验时将 OPC 功能延时变更到 15～20s，保证汽轮机转速稳定下降，减少汽轮机转速波动次数。

（4）DEH 选型时的采样时间。一般 DCS 的采样周期为 500ms～1s，DEH 的关键数据应能够实现不高于 50ms 的高速数据采集；测试 ETS 系统响应时间，并研究优化 ETS 系统跳闸响应速度的方案，尽可能缩短甩负荷时各阀门关闭时间；重点应在试验前测定发电机解列动作至机组 OPC 动作延迟时间，延时不应超过 60ms，否则应查明原因，并处理。

（5）阀门冷热态关闭时间。严格汽轮机阀门冷热态关闭时间测试，确保机组阀门关闭时间合格，确保阀门关闭时间在冷态及热态均能够迅速关闭。

（6）阀门严密性试验。严格把控高中压主汽门、调门安装、调试质量，确保调节保安系统工作可靠；甩负荷前按规程要求进行阀门严密性试验及抽汽逆止阀活动试验，OPC、电超速及备用电超速试验，并确保动作的可靠。

（7）对甩负荷工况下高排泄放系统及旁路系统的控制模式进行优化。包括旁路的开启时间及开度大小。特别是通过旁路控制再热器压力在合理的范围内，避免造成因再热器压力过高造成的高排温度高等保护动作。

（8）对甩负荷工况下空冷系统的运行模式进行研究和优化，特别是在冬季甩负荷后汽量大幅度减少的工况下，设计可靠有效的控制方法，确保在甩负荷后空冷系统能根据机组热负荷情况进行及时调整，不会发生冻结或冷却量不足等情况，延误机组定速、并网时间。

（9）综合甩负荷工况下，各系统、设备的主要调整方式及运行特性，总结出机组在甩负荷特定工况下的总体调整方案，以达到在甩负荷后能够快速调整、平稳运行、参数维持在正常范围内，缩短机组稳定并网时间，为机组在特殊工况下的运行调整提供可靠、全面的操作依据。

（10）同期工程第二台机组建议采用测功法进行甩负荷试验，能够最大限度地避免甩负荷试验时超速风险。

10. 空冷岛在甩负荷试验期间的配合操作

（1）机组甩负荷时，汽轮机排汽量迅速衰减到汽轮机空载运行蒸汽量，如果空冷岛停运不及时，会造成空冷散热器结冻情况，影响机组快速恢复。所有，提前策划机组甩负荷后的相关操作，会大大减少调试期间的忙乱操作。

（2）机组甩负荷后，旁路系统投入运行，试验期间锅炉不灭火，应在维持机组燃烧稳定前提下，适当提高锅炉燃烧率，尽量开大旁路，使进入空冷凝汽器的蒸汽量高于最小允许蒸汽量，同时配合减少风机运行，保证空冷凝汽器不结冻。

（3）在启动调试过程中，掌握机组空冷凝汽器各列隔离阀门的严密性差别；机组甩负荷后，应根据平时掌握的情况，及时停运较容易隔离严密的散热器列，停运整列风机并关闭隔离蝶阀防冻；在机组整套启动过程中，逐渐摸索机组启动过程配合经验，停运空冷散热器列的数量应根据机组运行经验灵活掌握。

（4）机组甩负荷后，严密监视机组的凝结水过冷情况，原则上当环境温度低于2℃时，根据顺流、逆流凝汽器的凝结水温度判断启动顺流单元防冻保护、逆流单元防冻保护，同时启动逆流单元回暖程序，保证空冷凝汽器不结冻。

（5）机组如果在甩负荷后能够及时恢复并网运行，应尽早并网带负荷，在保证轴系运行安全后，调节投入合适数量的空冷散热器列，调整空冷岛运行工况平稳后，投入风机自动控制，保证机组运行经济性。

11. 给水泵在甩负荷试验期间的配合操作

为确保机组甩负荷试验顺利，应进行辅汽汽源带给水泵汽轮机的专项试验，确定辅汽汽源单独供汽工况下，给水泵出力（压力、流量）及机组可以达到的最大负荷，保证甩负荷试验后汽动给水泵满足锅炉给水要求，维持锅炉不灭火；通过试验还可以确定甩负荷试验时给水泵的控制策略及其他具体操作细节，确保甩负荷试验安全及试验的顺利进行，同时也可为机组运行提供相关指导意见。

六、测功法甩负荷试验

由于常规甩负荷法风险大、工作量大、涉及面广，因此国内外都在寻求简单安全的试验方法，于是提出了测功法。测功法原理是在机组不与电网解列，通过瞬间关闭调节汽阀，测取发电机有功功率变化的动态过渡过程，计算后获得转速飞升曲线。

1. 测功法甩负荷试验的特点

（1）测功法甩负荷试验是在发电机不与电网解列的情况下，模拟实际甩负荷工况下调节系统的动作过程。试验通过模拟触发 OPC 动作，迅速关闭高、中压调节汽阀及抽汽止回阀。

（2）测试功法甩负荷试验对于机炉热力系统及辅机而言，与常规甩负荷工况基本一致，在进行试验时，除因试验特殊要求解除部分联锁外，机组及其辅机的其他主要联锁保护应投入；试验应在额定参数和回热系统全部投入情况下进行。

（3）测功法甩负荷试验可不分级直接进行甩 100% 负荷试验，计算甩负荷最高飞升转速应不超过机组超速保护动作定值。

2. 测功法甩负荷试验的要求

（1）测功法甩负荷试验中，要求汽机不跳闸，测试完成后，手动打闸，并及时恢复因试验需要解除的保护、联锁及临时设施。

（2）检查主、辅机设备的运行状况无异常时，可重新并网带负荷。

（3）为保证测功过程的完整，必须采取必要的措施，在测功期间保持调节汽阀的关闭状态不小于 5s，并且在试验期间不能造成汽轮机的跳闸。

3. 测功法甩负荷试验的基本内容

（1）试验前，应将试验用仪器、仪表校验并接入系统，调试完毕，确保可靠。试验接入测点包括：试验起始信号、调节汽阀及主汽阀行程、机组负荷、汽轮机转速。应记录主辅机及附属设备重要监视项目和调整参数之甩负荷前初始值、过程中极值和过程结束稳定值。

（2）甩负荷信号的模拟方案：测功法甩负荷试验是在发电机主开关不解列的情况下，模拟机组甩负荷工况。可触发 OPC 动作，使调节汽阀快速关闭。通过功率从满负荷降到零的过程对时间进行积分，从而求出理论上的常规甩负荷条件下的转速飞升值。

（3）为保证调节汽阀持续关闭时间足以使负荷到零并出现逆功率，可视情况对 OPC 动作后的延时时间进行更改。

（4）测功法甩负荷试验的适用情况。测功能法甩负荷试验在《火力发电建设工程机组甩负荷试验导则》（DL/T 1270—2013）中对试验过程及计算做出了详细介绍与要求，并要求在同一期工程两台机组中首台必须应用常规法甩负荷试验，第二台可应用测功法甩负荷试验。由于测功法甩负荷具有安全、可靠、成功率高的特点，并且甩负荷试验逻辑在日常运行并未真正应用，所以针对供热、高参数、旁路容量小的机型推荐应用测功法进行甩负荷试验。

4. 测功法甩负荷试验的局限性

（1）只能反映最高飞升转速，不能得出过渡过程时间、振荡次数等，不能全面反映调节系统的动态特性。

（2）转速计算其实就是对有功功率进行面积积分，难免存在误差，主要是由于中间环节的惯性延迟时间常数与常规法有差别且不考虑摩擦损失等，直接影响转速的计算结果。

（3）对记录仪器精度要求较高，一般要求高采样频率数字记录仪，以便于面积积分的傅里叶变换计算。

5. 汽轮发电机转子最高飞升转速计算公式

汽轮发电机转子最高飞升转速计算公式为

$$n_{\max} = n_{st} + (30.42/J)(n_0/n_{st})(P_0/P_{st}) \int_{t_0}^{t} p(t)\mathrm{d}t \qquad (3\text{-}1)$$

式中　$n_{\max}$——最高飞升转速，r/min；

　　　n_{st}——试验起始转速，r/min；

　　　n_0——额定转速，r/min；

　　　J——转子转动惯量，kg·m²；

　　　P_0——额定负荷，kW；

　　　P_{st}——试验起始负荷，kW；

　　　t_0——试验起始时刻，s；

　　　t——负荷降至 0 时刻，试验终止时刻，s。

第四节　燃烧调整深度调试技术方案

一、设备简介

主燃烧器设有 6 层煤粉喷嘴，煤粉喷嘴四周布置周界风。在每相邻两层煤粉喷嘴之间布置有辅助风喷嘴，其中包括上下两只偏置风喷嘴，1 只直吹风喷嘴。在主风箱上部设有 1 层上端部风喷嘴，下部设有 1 层下端部风喷嘴。所有主燃烧器喷嘴均可以上下摆动。在主风箱上部布置有两级燃尽风燃烧器，两组燃尽风均分为 3 层布置。所有的一次风/煤粉喷嘴在炉膛中心形成切圆，燃烧器中心线与炉膛对角线成 2° 夹角；二次风中的所有偏置辅助风采用一个顺时针的偏角，这些偏置辅助风就是启旋二次风；低位燃尽风（BAGP）和墙式的高位燃尽风（UAGP）需要通过水平摆动调整实验确定一个逆时针的偏角，这些二次风就是消旋二次风。燃煤的工业数据分析如表 3-13 所示。

表 3-13　　　　　　　　　　锅炉煤质工业分析数据

项目	符号	单位	设计煤种	校核煤种
全水分	M_t	%	13.1	16.0
空气干燥基水分	M_{ad}	%	6.90	5.64
收到基灰分	A_{ar}	%	13.09	15.56
干燥无灰基挥发分	V_{daf}	%	39.61	38.55
元素分析				
收到基碳	C_{ar}	%	60.62	55.56
收到基氢	H_{ar}	%	3.64	3.46
收到基氧	O_{ar}	%	8，28	8.11
收到基氮	N_{ar}	%	0.82	0.81
全硫	$S_{t.ar}$	%	0.45	0.50

续表

项目	符号	单位	设计煤种	校核煤种
收到基低位发热量	$Q_{net.ar}$	MJ/kg	22.81	20.82
哈氏可磨指数	HGI	—	59	54
冲刷磨损指数	K_e	—	1.7	1.8
煤灰熔融性				
变形温度	DT	℃	1210	1250
软化温度	ST	℃	1220	1260
半球温度	HT	℃	1230	1270
流动温度	FT	℃	1240	1280

二、调试目的

锅炉燃烧调整是为了掌握锅炉运行的技术经济特性，在锅炉通常运行的负荷下，通过改变影响燃烧的各个因素来确定锅炉燃烧系统的运行方式，有针对性地开展燃烧调整、优化试验，从而保证锅炉的汽温、汽压、蒸发量等各个主要运行参数能达到设计要求，保证锅炉燃烧着火稳定、配风合理、避免严重结焦等，使机组安全稳定经济运行，同时为热控各相关自动控制的调整提供依据，该燃烧调整试验安排在机组带负荷调试过程中进行。

三、燃烧调整试验前的准备工作

（1）锅炉风烟系统调试完毕，各个设备均能正常投入且控制部分均能投自动。

（2）制粉系统初步调整试验已结束，已确定出磨煤机的出力情况、风煤比率、磨煤机进口和出口温度、煤粉细度等。

（3）锅炉等离子点火系统处于备用状态，试验过程中发生燃烧不稳工况时，等离子系统可随时投入运行。

（4）锅炉油火检、煤火检及火焰电视均能正常投入。

（5）锅炉本体安全阀及动力控制泄压阀等均已校验完毕，可正常投用。

（6）炉膛及尾部吹灰器系统调试完毕并可投用。

（7）锅炉除灰、除渣及上煤系统能投入正常运行。

（8）烟风系统、制粉系统、锅炉汽水系统等系统的温度、压力、流量等主要表计均应校验合格，投用准确。

（9）原煤、煤粉、飞灰等取样测点位置已经确定，测量装置已准备好。

（10）配备足够用的试验用煤（设计煤种），机组负荷调整已向调度申请并经过批准。

（11）试验时每个工况锅炉负荷均维持在 80%以上。

（12）试验每个工况开始前、变化后锅炉均应稳定运行 1h 以上。

（13）试验时每个工况调整好，稳定运行期间不进行干扰性操作，维持锅炉负荷、蒸汽参数、给水温度等稳定，不吹灰。

（14）在每次试验期间需在 CRT 同一画面上观察下列曲线，并进行比较：机组电负荷曲线、锅炉主汽流量曲线、排烟温度曲线、氧量曲线、过热蒸汽温度曲线、再热蒸汽温度曲线、总风量曲线、燃料量曲线、给水流量曲线等。

四、燃烧调整试验内容

1. 安全启动给水流量优化试验

由于锅炉 BMCR 工况给水流量为 2060t/h，最小给水流量为 30%BMCR 即为 618t/h；目前锅炉给水流量跳闸值为 580.9t/h，跳闸定值流量较高，与最低给水流量差值太小，容易造成给水流量低跳闸，针对此问题特开展安全启动给水流量优化试验。

目前，上锅超超临界直流锅炉启动时，设计最小给水流量为 30%BMCR，针对本工程为 618t/h，此最小流量的设计主要是考虑水冷壁的安全，因此在启动过程中应密切监视壁温、温偏差，记录螺旋水冷壁最高壁温、垂直水冷壁最高壁温、螺旋水冷壁最大壁温差、垂直水冷壁最大壁温差等参数，在保证螺旋段及垂直段出口相邻管子壁温不超温，壁温偏差不超过 20℃时，逐渐降低给水流量，在保证锅炉安全运行的前提下，将给水流量逐渐降至 30%、

28%、26%、24%、22%BMCR 工况，每个工况稳定运行 1h，最终摸清机组最低给水流量。

2. 水煤比优化试验

超超临界机组直流锅炉汽温调节的关键是保证合适的水煤比，控制好汽水分离器出口过热度，过热度的控制对机组稳定安全运行至关重要。水煤比是机组运行过程中给水量与给煤量的配比，水煤比直接影响锅炉主汽温度的控制，若给水量不变而增大燃料量，由于受热面热负荷成比例增加，热水段长度和蒸发段长度必然缩短，而过热段长度相应延长，过热汽温就会升高；若燃料量不变而增大给水量，由于受热面热负荷并未改变，所以热水段和蒸发段必然延伸，而过热段长度随之缩短，过热汽温就会降低。

当锅炉处于湿态运行时，主汽压力由燃料量控制，在这种情况下，通过调整水煤比改变燃料量来控制主蒸汽压力；当锅炉处于干态运行时，调整水煤比控制汽水分离器出口蒸汽的过热度。

在保证锅炉水冷壁安全运行前提下，通过调整水煤比、锅炉配风、给水温度等，争取在锅炉 30%BMCR 负荷下完成干湿态转换；锅炉干态运行时，通过控制过热度的大小，摸索不同负荷工况下的最佳水煤比，尽量减少减温水的投入量，保证锅炉安全经济运行。

3. 炉膛烟温偏差调整试验

锅炉运行过程中一般均会产生一定的炉膛烟温偏差，特别是四角切圆型式锅炉，烟温偏差不仅会降低锅炉运行经济性，而且也会存在较大的安全性问题，如壁温超温、爆管等，因此，应尽量减小炉膛烟温偏差。

锅炉冷态动力场试验过程中，应该根据动量比相等的原则，调整锅炉各层一次风、二次风风速，使气流运动状态尽量接近热态工况，在高温再热器前分 3 层 6 个不同层面测量水平烟道出口风速，摸清水平烟道流场分布情况，为炉膛烟温偏差热态调整提供依据。

本锅炉启旋二次风为顺时针方向，消旋燃尽风为逆时针方向，这种炉型一般会出现左侧烟温高于右侧烟温情况。锅炉热态运行时，当炉膛左右侧出现烟温偏差时，通过改变烟气挡板开度、燃尽风 AGP 的开度、燃尽风水平摆角等，在调整燃尽风 AGP 开度试验中应保持二次风箱风压不变，并把握先开下层燃尽风，再开上层燃尽风的原则，通过试验摸索不同条件下对烟温偏差的影响程度，为减小烟温偏差提供依据。

4. 制粉系统优化调整试验

制粉系统是锅炉运行中的一个重要组成部分，通过对制粉系统分离器转速、磨辊加载力、磨通风量、磨煤机出口风粉温度、煤粉细度等方面的优化调整，分析各参数对锅炉经济运行的影响，总结出适合的运行方式。

磨煤机分离器转速决定着磨煤机单耗的高低，也决定着煤粉的细度，在锅炉燃烧调整试验期间通过实验摸索分离器不同转速下煤粉细度的变化和磨煤机单耗的变化的规律，从而确定磨煤机分离器的最佳转速。

磨煤机通风量的大小对磨煤机出力、煤粉细度、锅炉排烟温度等各参数都有影响，在燃烧调整实验期间维持其他试验参数不变通过磨煤机通风量的调整，找出磨煤机适合的通风量。

磨煤机出口风粉混合温度对锅炉排烟温度和磨煤机安全运行有着较大的影响，磨煤机出口温度偏低，风粉混合物进入炉膛后着火时间延后，火焰中心上移，排烟温度也会随之升高；当磨煤机出口温度升高时，一方面，有利于煤粉燃烧；另一方面，有利于提高锅炉热效率，但如果温度过高可能会造成风粉混合物在没进入炉膛之前在一次风管发生自燃，影响磨煤机和锅炉安全运行，因此在试验期间通过对冷热一次风量的调整把磨煤机出口混合物温度控制在合理范围之内。

磨辊加载力的大小影响着磨煤机单耗和煤粉细度，在燃烧调整试验期间在其他参数一定的情况下，通过改变磨煤机磨辊加载力的试验，摸索出磨辊加载力和磨煤机其他参数的变化规律，确定出各个给煤量下合适的磨辊加载力。

合理的煤粉细度能够保证锅炉安全运行，提高锅炉热效率，降低磨煤机电耗。煤粉过细时着火提前，易使燃烧器区域热负荷偏高，造成燃烧器附近结渣并烧坏喷嘴；煤粉过粗时着火推迟，火焰中心上移，使上部炉膛温度升高，灰粒容易脱离主流直接冲刷炉墙而导致炉膛结焦，应保持煤粉细度在合理范围。

煤粉细度对飞灰含碳量、NO_x 等锅炉参数有较大的影响，煤粉细度越细，在煤粉燃烧时飞灰含碳量就越小，相应的 NO_x 则增大，再热汽温降低；煤粉细度越粗，在煤粉燃烧时飞灰含碳量就越大，相应的 NO_x 则减小，再热汽温升高；煤粉细度还影响磨煤机的电耗，细度越细电耗越高，反之则越小。试验时煤种固定、给煤机煤量不变、磨煤机入口风量不变、磨煤机出口温度不变，在不同的磨煤机动态分离器转速下取煤粉样品、飞灰样品、炉渣样品进行化验，并记录 DCS 参数 NO_x、汽温等变化情况。通过优化试验选择合适的煤粉细度，使得锅炉不完全燃烧损失、NO_x 排放、汽温参数及制粉系统的电耗等达到合理值。

锅炉整套启动前将各磨煤机出口分离器转速设定为厂家推荐值，磨煤机启动后即时进行煤粉采样分析，通过调整分离器转速，将六套制粉系统的煤粉细度调整到设计值。

5. 变二次风分配试验

二次风配风、二次风分别为锅炉内煤粉充分燃烧提供氧气及四角切圆锅炉提供切圆动力，对炉内的燃烧有很大的影响，配风方式不合理将会导致水冷壁超温、汽温左右侧偏差、NO_x 超标、飞灰含碳量高等现象，为了避免这些现象发生，需对二次风及燃尽风 AGP 进行配风调整。可采取以下几种配风方式：

（1）均等配风。这种配风方式是指二次风的开度一致，各燃烧器的风量均等，给煤量均等，可以保证炉膛内热负荷均匀，燃烧稳定，适合高负荷运行的配风方式。

（2）正宝塔配风。这种配风方式是指二次风的开度从上到下依次增加，相应的给煤量从上到下依次增加，二次风主要集中在主燃烧区域，有利于煤粉和空气的混合，煤粉易燃尽，燃烧效率高，但是 NO_x 排放会相应增加，再热汽温也会偏低。

（3）倒宝塔配风。这种配风方式与正宝塔配风正好相反，给煤量从上到下依次减少，可提高火焰中心，增加再热器的吸热，提高再热汽温，但是由于上部切圆动力增加，相应的汽温偏差也会增大。

（4）束腰配风。这种配风方式指的是中部二次风门相对于上下部二次风门开度小，有利于提高局部断面热负荷，稳燃效果好，适合燃烧不稳定或者低负荷的配风方式。

（5）鼓腰配风。这种配风方式是将中部的二次风开度开大，有利于降低炉内温度，可防止炉膛结焦。

燃烧器摆角的调整，燃烧器摆角向上摆动，火焰中心上移，可提高再热汽温；燃烧器摆角向下摆动，火焰中心下移，再热汽温降低。

燃尽风配风、燃尽风风水平摆角调整，锅炉主燃烧区域上部设计有燃尽风 AGP 风门，其作用主要有两个，一个是调整锅炉出口 NO_x 的排放量，另外一个作用是起到烟气消旋的作用。原则上 AGP 燃尽风门应该从下到上依次开启，底层燃尽风 AGP 风门全开后再开启上层燃尽风 AGP 风门，以保证燃尽风的刚性；燃尽风 AGP 风水平摆角调整后应保证锅炉在不同负荷下，均能够通过燃尽风 AGP 风门开度的大小调整汽温的左右侧偏差。

6. 调整总风量试验

锅炉热态运行中运行氧量的变化与锅炉热效率的变化紧密相连，由反平衡热损失法可知，燃煤锅炉热效率主要取决于排烟热损失 q_2 和固体未完全燃烧热损失 q_4，而运行氧量为这两项热损失的主要影响要素。随着运行氧量的增加，飞灰含碳量和炉渣含碳量减小，即固体不完全燃烧热损失 q_4 减小，而排烟热损失 q_2 增大，因此，其对锅炉热效率的影响取决于（q_2+q_4）的耦合结果。因此在燃烧调整试验期间，通过变氧量试验摸索出各个负荷下最佳运行氧量，进一步提高机组运行的经济性。

调节运行氧量主要是通过改变送风机出力实现的，因此，氧量变化时，风机耗功也会随之变化。在不同电负荷下，随着运行氧量的降低，风机电耗随之减小，随着运行氧量的增大，风机电耗随之增加，因此，在不同电负荷下使锅炉在最佳运行氧量情况下运行也会降低风机的耗电率，提高机组的经济性。

运行氧量的变化对 NO_x 排放量也有一定的影响，同一电负荷下变氧量时保持风门开度及其他运行参数不变的工况下，随着运行氧量的增加，NO_x 排放量随之增加。因为氧量增大时，煤粉燃烧器区域火焰温度上升，热力型 NO_x 生成量增加；同时，也为燃料氮的中间产物与氧的反应提供了可能，燃料型 NO_x 二次生成量随之增加，导致总 NO_x 排放量增加。

综上所述，在燃烧调整试验期间通过对不同电负荷下运行氧量的调整变化对其他运行参数的影响，找出各个不同电负荷下的最佳运行氧量。

试验在以上各试验完成的基础上进行，试验时锅炉稳定在某一负荷，通过调整送风机的出力使试验在 3 个不同的过量空气系数下进行，操作时根据省煤器出口氧量来调整运行工况，氧量分别为设计工况值 2.7%（过量空气系数 $\alpha = 1.15$）、大于设计值、小于设计值。每个工况调整好锅炉稳定运行 1h 后，进行锅炉及辅助设备运行参数的测量和记录，并进行原煤取样和飞灰取样，对原煤做工业分析，对飞灰做含碳量分析。

通过以上各试验可确定较合适的过量空气系数，求得使飞灰可燃物小、排烟温度相对较低，锅炉效率较高的运行方式。

7. 改变磨煤机出力组合试验

磨煤机组合方式的改变对锅炉参数有很大影响，投用上层磨煤机组合相对于下层磨煤机组合运行能够提高再热汽温，但是其他锅炉参数也会发生变化，例如 NO_x、飞灰含碳量、锅炉燃烧效率等也有影响，变磨煤机组合试验应结合二次风配合等方式对锅炉燃烧进行综合调整。

试验中分别投运五台磨煤机不同组合形式及六台磨煤机，通过测量炉膛温度、观察排烟温度、飞灰和大渣含碳量情况，摸索出不同磨煤机的运行方式对锅炉参数变化趋势的影响。

8. 调整合理的减温水投入运行方式

通过调整锅炉燃烧火焰中心位置，调整分离器出口过热度的大小，得到合理的一、二级减温水喷水量，使之达到设计要求；通过合理的调整过热器、再热器烟气挡板开度，在保证锅炉各段受热面壁温不超温、排烟温度和蒸汽参数等正常的情况下，使再热器事故喷水量减少到零，以使之达到设计要求。

9. 中间点温度的控制

在给定负荷下，中间点的焓值（或温度）也是水煤比的函数，水煤比的变化会影响中间点温度，造成主蒸汽温度变化。水煤比对中间点的温度的影响，显然要比主蒸汽温度的影响快得多。

调节中间点汽温有两种方法：① 给水量基本不变而调节燃料量；② 保持燃料量不变而调节给水量。前者称为以水为主的调节方法；后者称为以燃料为主的调节方法。一般燃煤的直流锅炉，由于燃煤量不易准确控制，常采用以水为主的调节方法，即机组负荷决定所需锅炉蒸发量，锅炉蒸发量决定给水流量。锅炉不同负荷条件下，中间点温度的设置是不同的，如图 3-2 所示。

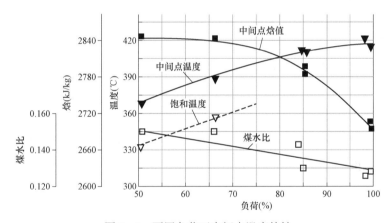

图 3-2　不同负荷下中间点温度特性

当中间点温度超出预定值较多时，可能因给水量与燃料量信号故障导致煤水比严重失调，此时应全面检查燃料量、给水量及其他相关参数，并及时调整。因此，应加强对中间点温度和煤水比的监视。实际锅炉运行转干态以后，在保证锅炉安全运行、壁温不超温情况下，可适当维持较高过热度，减少减温水的投入量。

五、防止锅炉过热器、再热器爆管

超临界及超超临界锅炉爆管是威胁锅炉安全运行的重大问题，可通过以下措施避免爆管的发生：

（1）吹管严格执行吹管标准，确保各段吹管系数大于1，靶板合格；吹管完成后，对高过入口联箱、高再入口联箱进行割孔检查，确保无杂物。

（2）控制金属壁温是减缓氧化皮产生的关键，运行过程中防止锅炉过热器、再热器超温。

（3）加强受热面温度偏差的监视与调整，防止局部超温的发生。

（4）运行中发现受热面超温时，应迅速采取燃烧调整、锅炉吹灰等措施，调整无效时，应降低蒸汽运行温度、降低负荷运行，防止受热面长时间超温运行。

（5）温度变化产生的热应力是导致氧化皮脱落的主要原因，机组升降负荷过程中，应平稳缓慢进行，避免汽温急升急降，避免氧化皮脱落，造成受热面管道堵塞，发生爆管。

六、锅炉冷态启动与汽机冷态冲转参数匹配问题

近年来，超超临界机组汽轮机厂家提供的冷态冲转参数和锅炉厂家的启动参数往往不匹配，主要表现在主汽温度和再热汽温度都难以控制在汽轮机冲车要求的范围之内。所以机组在设计过程中应充分考虑汽轮机、锅炉启动参数的匹配问题。

运行过程中应注意以下几点：

（1）在确保锅炉安全运行的前提下，维持较低的给水流量，尽量提升给水温度，增加启动初期的产汽量。

（2）优化汽轮机启动曲线，适当降低冲转压力。

（3）优化燃烧调整，控制火焰中心及炉膛出口烟气温度。

（4）控制合理的过量空气系数。

七、防止炉内结渣和高温腐蚀

（1）进行锅炉冷态空气动力场试验时观察气流是否冲刷水冷壁，通过调整燃烧器角度确保气流不刷墙，防止锅炉热态运行时火焰直接冲刷水冷壁。

（2）适当提高风箱风压，保证大量的辅助风以较大的偏置角送入炉膛，同时保证有较高穿透力的流速，提高燃烧区域内水冷壁壁面的含氧量。

（3）通过锅炉冷态空气动力场试验测量切圆大小，判断燃烧切圆是否合理，防止煤粉气流冲刷水冷壁形成高温造渣氛围。

（4）原煤含硫量高是造成高温腐蚀的较重要的一个原因，锅炉运行中，应经常进行煤质化验，确保原煤含硫量低于 2%。

（5）合理控制二次风以及燃料量的分配，防止主燃烧区域温度过高。

（6）控制好合理的煤粉细度以及确保各粉管煤粉的均匀性，防止一次风气流冲刷水冷壁。

（7）保持较高的给水流量，流量过低，影响管子内外热量交换，造成管壁温度较高，避免局部受热面温度过高，引起高温腐蚀。

八、降低 NO_x 排放措施

氮氧化物产生原因主要由两种：① 燃料型，是燃料中的氮受热分解和氧生成 NO_x，占总量的 80%～90%；② 热力型，是空气中的氮在超过 1500℃的高温下发生氧化反应，温度越高，NO_x 生成量越多。

控制燃料型 NO_x 生成量，可以减少燃烧的过量空气系数，控制燃料与空气的前期混合量，提高入炉的燃料浓度；控制热力型 NO_x 生成量，可降低燃烧的过量空气系数和局部氧量浓度，降低锅炉炉膛温度。具体措施如下：

（1）低过量空气系数燃烧，运行中控制氧量 2.7%左右运行。

（2）确保空气分级燃烧，在主燃烧区降低二次风供应量，使燃料先在缺氧条件下燃烧，抑制氮氧化物生成；其余二次风通过燃尽风喷口送进炉膛，确保燃料燃烧完全。

（3）运行在采用倒三角的配风方式，使燃料燃烧初期处于缺氧状态。

（4）关小煤粉层的周界风，减小燃烧初期氧量供应。

（5）加强锅炉吹灰，特别是炉膛吹灰，降低炉膛温度。

（6）控制好各煤粉管之间的燃料平衡。

降低 NO_x 生产采取的措施，与稳定燃烧、提高燃烧效率采取的措施相矛盾，在实际运行中不应以不断恶化燃烧来达到降低 NO_x 的目的，运行中应综合考虑所有因素，使锅炉达到最佳运行状态。

九、等离子点火注意事项

煤粉在等离子燃烧器中燃烧的时间很短，燃烧成分主要是煤粉在高温下发生电热化学反应裂解出的大量挥发分，未燃烧完全的固定碳喷入炉膛内继续燃烧。锅炉启动初期炉内温度低，不足以维持固定碳燃烧，不完全燃烧现象非常严重，埋下了炉膛爆燃及尾部烟道再燃烧的隐患。

等离子点火用煤应满足设计煤种。等离子点火过程中，理论上讲，煤粉浓度越大，一次风速越低越好，有助于点火过程中更多挥发分的析出，着火越稳定。等离子点火装置投入前必须进行一次风管风速调平，同时在保证一次风管路不堵管的情况下，降低一次风速，可控制在 18m/s 左右；控制好煤粉细度，有助于煤粉着火。

从等离子点火时维持火焰的稳定性方面来看，煤粉浓度越高越好，然而煤粉挥发分是在等离子燃烧器内部着火，被一次风吹进炉膛的，随着磨煤机出力的逐渐增大，挥发分的量在增大，炉内热量的提高使大量碳元素在燃烧器附近燃烧并辐射热量，所以过高的煤粉浓度会使燃烧器内部热量过大，从而导致燃烧器金属超温，严重时会造成燃烧器结焦、烧损。因此在磨煤机增加出力过程中，要重点监视等离子燃烧器壁温，当燃烧器前端壁温升到 350℃时，需采取措施，主要方法是适当增大一次风量，减少给煤量，其次是降低拉弧电流（有造成电弧不稳定甚至断弧的风险，一般不建议这样做）。

炉膛温度低是造成煤粉燃烧不完全的主要原因，启动初期可通过提高给水温度、投入暖风器提高炉膛温度。

等离子点火过程中应防止锅炉爆燃灭火，对中速磨煤机直吹式制粉系统，当任一角在 180s 内未点燃时，应立即停止相应磨煤机的运行，经充分通风、查明原因后再重新投入；燃烧器着火后，应加强炉内燃烧情况监视，实地观察炉膛燃烧情况，火焰应明亮，燃烧充分，火炬长，火焰监视器显示燃烧正常，如发现炉内燃烧恶化，炉膛负压波动变大，应迅速调节一、二次风风量以及给煤量来调整燃烧，确保燃烧稳定；若燃烧状况仍不好，应立即停止相应燃烧器，必要时停止等离子发生器，经充分通风、查明原因后再行投入。

由于点火初期煤粉燃烧不完全，容易造成尾部烟道二次燃烧，需密切注意尾部烟道烟温、空气预热器出入口烟温的变化情况，同时点火过程中，需不间断投入空气预热器吹灰，并保证吹灰蒸汽参数；锅炉停运后，要对空气预热器、电除尘器、各部灰斗进行检查，及时清除可燃物含量较高的飞灰。

十、锅炉低负荷稳燃

为保证锅炉 30%BMCR 最低稳燃负荷，可采取如下措施：

（1）在保证磨煤机运行安全情况下，适当提高磨煤机出口温度，可减少煤粉气流的着火热，并提高炉内温度水平，使着火提前。

（2）提高一次风气流中的煤粉浓度，减少一次风量，可减少着火热；同时又提高了煤粉气流中挥发份的浓度，使火焰传播速度提高；再加上燃烧放热相对集中，使着火区保持高温状态。

（3）提高煤粉颗粒细度煤粉的燃烧反应主要是在颗粒表面上进行的，煤粉颗粒越细，单位质量的煤粉表面积越大，火焰传播速度越快。燃烧速度就越高，火焰传播速度越快，燃烧放热速度越快，煤粉颗粒就越容易被加热，因而也越容易稳定燃烧。

（4）减少二次风总风量，保持锅炉低氧量运行，30%BMCR 工况下设计氧量为 6.4%，可适当将氧量降低到 5%运行。

（5）调整助燃风挡板和周界风挡板在 50%～80%开度，其余二次风挡板关闭，集中配风。

锅炉燃用设计燃煤的煤种，从机组额定负荷起逐步降低锅炉负荷，降负荷过程中，根据锅炉负荷的减少，调整二次风量保证炉膛出口氧量在合适范围内（炉膛出口氧量按负荷－氧量关系曲线控制），保持炉膛负压 －100～0Pa，锅炉主汽压力按机组滑压运行曲线进行，逐渐降负荷至 40%、35%，保持并稳定 30min，直至将锅炉降至 30%BMCR 负荷。在锅炉降负荷及负荷保持稳定期间，试验人员应密切监视锅炉主要参数、炉膛负压和燃烧器火检闪烁情况，一旦负压波动范围变大，燃烧器火检开始闪烁不稳定，应停止试验。

第五节　机组运行优化与经济性提升深度调试技术方案

在机组的基建调试期，保障安全的基础上，如何提高机组运行的经济性已成为一个非常重要的问题。而且超超临界直接空冷机组较湿冷机组煤耗、电耗均更高，因此提高直接空冷机组经济性意义更为重大。

在机组投产后如果再研究如何从根本上解决由于设计、安装等基建期因素造成的机组经济性降低等问题面临更大的困难。因此，在基建期做好机组的优化和经济性提升和对投产后的深度运行优化和经济性提升具有基础性作用，在机组投产后达到提高机组运行的经济性及可靠性，确保机组长周期运行。

一、提高机组经济性措施

在机组调试期，如何在保障安全的基础上提高经济性是一个非常重要的问题，特别是针对煤耗，电耗更高的空冷机组，提高其经济性尤为重要。基于此，要从以下几方面考虑：降低机组运行背压、采取优化的运行方式、降低机组厂用电率、减小系统的不明漏量、优化调试工艺及试验方法等。这些提高机组经济性的措施主要在安装阶段、分系统调试、整套启动调试及初步性能试验过程中完成。

二、分系统调试阶段的优化和调整

通过调试工艺和试验方法的优化和调整对各附属系统的运行方式进行优化，消除系统中存在的安全隐患，提高机组运行的安全性和经济性。

1. 凝结水系统变频装置调试

本项目凝结水泵变频器采用"一拖一"的方式，如能保证变频装置长期可靠运行，将会大大提高机组的经济性。如变频器经常出现故障，不但会造成凝结水泵工频运行，节流损失大，同时变/工频的切换对除氧器水位和凝结水系统的压力都会造成扰动。为了保证变频装置的可靠运行，对变频器做以下要求：

（1）提高变频装置控制回路的抗干扰能力，控制电缆与动力电缆要隔开铺设，变频器的控制柜要远离变压器和电动机。

（2）防止接触不良，对电缆连接点应定期做拧紧加固处理。

（3）必须定期清理变频柜滤网及柜内积灰，一方面利于散热，另一方面防止元器件短路。

（4）变频柜的布置要充分考虑到散热空间，变频器室内温度要控制在35℃以下，经常检查变频柜内冷却风机的运转情况，控制柜内温升不高于30℃。

（5）变频器应能保证厂用电切换时设备工作正常。

凝结水系统调试过程中，制定凝结水泵工频、变频同时试运的目标，完善凝泵变频运行和工、变频切换的逻辑，并完成凝泵工、变频切换试验。保证机组正常运行后，凝结水系统的压力没有受到其他系统的限制（电泵为自密封型式），可在较低的压力下运行，低负荷时节能效果十分可观。

2. 真空系统严密性

真空系统运行状况对汽轮机运行的经济性有很大的影响，一方面由于真空降低，蒸汽的有效焓降将减少，在蒸汽流量不变的情况下发电机出力下降，在发电机出力不变的情况下，机组的蒸汽流量将增大，机组经济性下降；另一方面机组真空降低，排汽缸温度上升，机组冷源损失增大，循环热效率降低。直接空冷机组真空系统庞大，如果在机组运行中查找漏点非常困难。因此在分系统调试中重点关注提高真空系统严密性水平。

（1）在空冷系统安装过程中，对每道焊口进行认真检查，气密性试验前排汽装置、扩容器及相关管路进行灌高水位水检漏，如涉及机组高位布置，因设计机构及沉重载荷不允许进行灌水找漏试验，也应进行气压试验及真空度试验。能够创造条件进行灌水找漏的负压系统应严格按照要求进行灌水找漏试验（高、低压加热器，疏水扩容器及相应疏水管到、凝结水箱及相应管道）。

（2）高度重视空冷系统气密性试验，尽量扩大参与试验系统的范围，包括汽机排汽主管道、排汽支管、蒸汽分配管、凝汽器散热管束、凝结水收集联箱、凝结水管道及抽真空管道。

（3）为了检验真空系统严密性效果，进行不投轴封抽真空试验，试验中对灌水试验中未包括的部分（如低压缸、人孔门、防爆门、连通管等）进行检查。

3. 全面消除阀门内漏

机组泄漏分为两种情况：外漏及内漏。机组外漏是指由于管道或系统的不严密，造成汽、水泄漏出热力系统。随着这些工质的损失，伴随着各种类型的能量损失。

内漏是指由于阀门不严密，造成汽、水在热力系统中由高参数端漏至低参数端，虽然不像外漏有能量流出热力系统外，但高参数工质降低了做功能力，使得机组热经济性下降，并同时增加了凝汽器的热负荷，使真空降低，进一步降低了机组的经济性。系统内漏还会造成辅机能耗增大。表 3-14 列举了某 660MW 机组疏水泄漏量为 1%主蒸汽流量时对机组经济性的影响。

表 3-14　某 660MW 机组疏水泄漏量为 1%主蒸汽流量时对机组经济性的影响

泄漏系统名称	影响煤耗（g/kWh）	泄漏系统名称	影响煤耗（g/kWh）
主蒸汽泄漏至凝汽器	3.3	二段抽汽泄漏至凝汽器	2.3
冷再泄漏至凝汽器	2.3	三段抽汽泄漏至凝汽器	2.4
热再泄漏至凝汽器	2.9	四段抽汽泄漏至凝汽器	1.9
高旁泄漏至冷再	0.5	五段抽汽泄漏至凝汽器	1.4
低旁泄漏至凝汽器	2.9	六段抽汽泄漏至凝汽器	1.0
一段抽汽泄漏至凝汽器	2.6	七段抽汽泄漏至凝汽器	0.7

由表 3-14 可知参数越高的汽水阀门内漏对机组的经济性影响越大。机组泄漏主要包括：

（1）高、低压旁路内漏，大量蒸汽未做功。

（2）疏放水系统阀门泄漏，尤其是高品质的主、再热系统疏水、抽汽系统疏水、加热器危急疏水，如泄漏将会对机组的热经济性造成很大影响。

（3）轴封间隙大，大量高品质蒸汽流入轴加或漏真空。

（4）减温水及杂用水阀门内漏、再循环阀门内漏、除氧器溢放水阀内漏，造成不必要的损失，导致补水率高及泵的能耗增高。

（5）安全门外漏。安全门一般多为弹簧式安全门，如果弹簧失效或阀门严密性差，导致部分工质泄漏排大气，不但损失热量而且浪费高品质的工质。安全门整定值偏低也会造成安全门频繁动作，动作后回座不到位的情况也比较多。

在高负荷时进行系统隔离试验，负荷 660MW 工况下，停止锅炉吹灰、暖风器、采暖、脱硝用汽等辅汽由邻机带，关闭除氧器排氧门、排汽装置补水门、疏放水系统手动门等阀门后稳定运行 1h，测取除氧器和排汽装置水位变化，争取机组不明泄漏率低于 0.3%。

4. 给水泵汽轮机的运行优化

（1）汽泵再循环的优化。本项目配备一台 100%BMCR 容量的汽动给水泵。汽泵再循环阀在运行中容易出现内漏情况。汽泵再循环阀的内漏既降低了汽泵效率，同时高负荷工况下导致汽泵转速较高以及相应提高了汽泵前置泵电流，危及机组运行安全。内漏一般是再循环阀的预启阀阀芯、阀座及主阀阀芯、阀座密封面吹损严重造成的。其原因为在机组低负荷工况下，再循环阀需开启运行，且开度较少造成再循环阀在这种高压和低流量冲刷恶劣工况下运行，长期运行无法避免地出现吹损。要更好地解决这个问题，只能改善汽泵再循环阀运行工况，减少汽泵再循环阀的开启。

具体的方法，建议根据该汽泵运行技术规范"各种转速下的最小允许流量曲线"以及该汽泵最小流量要求。核算汽泵的实际流量，可对汽泵再循环控制逻辑进行优化。可以降低汽泵再循环打开时的入口流量设定值，该设定值必须在保证汽泵安全基础上，保证此时汽泵实际流量远高于其最小流量要求。

（2）小汽机补汽阀调整的优化。设计方考虑到夏季工况背压较高，且需满足现场大风而引起背压提高时的功率要求，使得汽轮机最大点与运行点偏离较远，从而影响汽轮机运行点效率。因此将本项目小汽机的进汽系统配置如下：通过辅助蒸汽启动汽轮机，至30%～40%THA负荷时切换至五抽（正常工作蒸汽），高背压工况投入补汽（六抽）满足功率要求。

补汽阀对于弥补出力不足有所帮助，但其也存在问题。由于补汽阀的节流，使得补汽的有效焓降相比主汽减少，这部分损失全部转化为热能，使得排汽温度升高，缸效率降低。这就说明，补汽投入以后会对经济性产生不利的影响；同时随着补汽量的增加，补汽对经济性的不利影响越大。

综上所述，若无必要则避免投入补汽，防止补汽投入对机组的经济性以及调节阀的通流能力产生的不利影响。

三、汽轮机整套启动与运行

整套启动过程中，研究主机及各辅机的运行特性，通过试验优化机组运行方式，降低辅机的耗电率；带负荷试运过程中进行有关提高机组经济性的对比性试验，及早发现问题，并采取处理措施。

1. 轴封热态调整试验

调试现场常常为了保证轴封汽不外冒，将轴封汽压力调整得较低，加上自密封系统中溢流控制站的调节门调整波动比较大等原因，造成低压轴封处泄漏。为了保证轴封系统工作正常，启动前要对轴封系统进行热态调整，调整将轴封风机入口门，维持合理的轴加压力和轴封供汽压力，保持轴封系统既不向外冒汽又不吸气。这对机组的经济性与安全性均有好处。

2. 直接空冷系统的热态清洗

对热态冲洗工艺进行优化，提高热态冲洗的效果，并缩短热态冲洗的时间，实现热态冲洗过程中汽轮机具备冲转条件，有利于机组经济性的提升。具体包括以下内容：

（1）在空冷系统热清洗期间，同步进行锅炉安全门整定，汽轮机的冲转，汽轮机空负荷、电气试验，发电机并网，带负荷以及洗硅过程，既可实现机组的试运行，又可完成一些试验项目，缩短调试工期。

（2）通过旁路系统的减温水系统和低压缸的喷水减温系统将排汽温度控制在 70～80℃ 范围内，以达到最佳的冲洗效果，避免调整不当，高、低旁保护关闭，影响冲洗效果。

（3）根据以往工程的经验，在热态清洗过程中把取样管设置在临时放水管上，放水口低于废水收集池水面高度以下，没有在排放口直接取样，以免废水收集箱杂质铁影响化验结果。通过进行准确、及时的取样化验，避免了取样滞后，导致大量除盐水的浪费现象的发生。

（4）在冲洗效果的评价上，以往仅仅对 Fe 含量进行监测，本项目通过增加对悬浮物含量进行评价。悬浮物的含量能有效反映冲洗质量的好坏，悬浮物含量过大，也是造成粉末覆盖过滤器污堵的最主要因素。对于空冷冲洗水这一特定的水质，可用浊度这一概念来反映出悬浮物的含量。浊度（NTU）是一种光学效应，它与悬浮物的含量、水中杂质的成分、颗粒大小、形状及其表面的反射性能有关。使用浊度仪对浊度的测量相当方便快捷，可操作性强，故拟在调试过程中增加浊度这一评价标准，控制各列二氧化硅含量均低于 30μg/L。

3. 抽汽回热系统优化调整

回热系统是指从汽轮机某些级中抽出部分做过功的蒸汽用来加热送往锅炉的给水以提高给水温度的系统，是最早也是最普遍用来提高机组效率的主要途径。

若回热系统运行出现问题，会出现最终给水温度降低、部分加热器端差增大、各段抽汽参数不正常等现象。以最终给水温度降低为例，这造成给水在锅炉中吸热量增大，每降低 1℃，影响发电煤耗约 0.07g/kWh。

加热器端差增大、加热器停运、加热器汽侧无水位运行、抽汽压损增大、加热器旁路泄漏等均属于回热系统运行不正常的情况。下面进行具体说明。

（1）影响加热器端差的主要因素有：加热器内传热管的特性、传热管的尺寸、管内对流换热系数、管外凝结换热系数及管内外工质的温度等。对于已经投运的加热器来说，主要影响因素是管内外的换热系数，而影响换热系数的主要因素有加热器传热管是否存在泄漏、脏污程度、水位是否合理、加热器内是否有空气等不凝结气体等方面。加热器端差增大直接导致给水温度降低，影响机组的热经济性。

（2）加热器停运的原因一般为加热器隔离消缺。加热器停运除了影响机组热经济性外，低压加热器停运会造成除氧器进水温度降低，如水温过低除氧器将产生振动。而高压加热器停运将带来机组末级叶片湿度增加、锅炉过热器超温、再热器超压等严重后果。

（3）加热器无水位运行的主要原因是其疏水调节系统运行不正常，这会导致其出水温度降低，而且加热器无水位运行还使得抽汽还没有充分释放凝结热量就以蒸汽形式沿疏水管进入下一级加热器，排挤下级低压抽汽，使机组热经济性下降。同时因汽水混合物进入疏水冷却段、疏水管、疏水阀而引起管束泄漏、疏水管振动、疏水阀冲蚀等危急设备安全的情况。

（4）抽气压损增大通常是由抽汽管道的逆止门、隔离门误关或开度不够所致，将造成本级抽汽量减少、出水温度降低，上一级高压抽汽量增加。

（5）高压加热器旁路泄漏也是各电厂比较常见的，表现为汽机侧 1 号高压加热器出水温度高于大旁路汇合后给水温度。这样不仅降低了抽汽回热的效果，而且造成最终给水温度降低。

4. 保证机组回热系统正常安全运行

（1）加强对加热器端差的记录、分析，发现端差变大及时分析、处理，如是加热器内有空气等不凝结气体，可开大加热器抽空气门至端差正常，如是加热器传热管脏污可进行隔离清洗，若水位过高淹没了管束，则要调整至正常水位。

（2）低压加热器运行排气汇成一根母管接入扩容器，存在相互排挤的可能，对末级低压加热器排空气尤其不利，建议至少将 9 号低压加热器运行排气单独接至扩容器。

（3）为了避免加热器不必要的隔离，投运过程中要按照厂家规定严格控制温度变化率，维持水位在正常位置，努力提高高压加热器投入率，创造条件只解列故障高压加热器，避免高压加热器全部解列；尽量利用停机时间对加热器进行消缺，抽汽隔离门一定要关闭严密，避免加热器解列时间过长等。

（4）提高压加热器热器水位自动投入率，保证加热器有水位运行，时刻关注加热器下端差，如偏离设计值较大，应查明原因并解决。

（5）如发现抽汽压损高于设计值，应及时查找原因，重点查看逆止门和电动门的开度。

（6）加强机、炉给水温度对比，发现高压加热器旁路门存在泄漏，应及时采取措施，如是开不到位，可重新整定行程，如是阀门本体的原因则要进行检修，以上情况也适用于低压加热器旁路的检查。

5. 进行加热器水位优化试验

在保证回热系统正常可靠工作的基础上，可进行加热器水位优化试验，进一步提高经济性。

调试期间为保证运行安全，加热器水位设定值一般偏低，疏水热量利用不足，造成最终给水温度降低，对热经济性不利。因此在机组安全得到保证的前提下，可优化水位设定值，即进行加热器水位优化试验，优化方法如下。

回热系统本身具备以下条件：

（1）加热器管子表面应清洁。

（2）加热器汽侧的凝结水量应连续排放并保持正常的水位。

（3）加热器的汽侧不应积聚非凝结的气体。蒸汽中常有一些非凝结气体，这些气体如在加热器中积聚，会使加热器的传热性能恶化，试验时为防止这一情况发生，要对排气阀进行调整，放掉一定数量的蒸汽，以使液体通过加热器时的温升最大，而且稳定。

（4）为减少修正量，试验应尽量在设计工况下进行。给水流量和抽汽压力与设计值的偏差不得超过±10%。当偏差超过规定值时，应由试验双方协商解决。

（5）试验持续时间和读数频率。

（6）试验稳定运行 0.5h 后开始试验，各工况持续时间为 1h；DCS 采集时间间隔为 30s，人工记录数据读数时间间隔为 5min。

如图 3-3 所示，如果在开始之前加热器下端差明显较高，水位控制器的设定点应以 15～20mm 的步长提高，直到疏水出口温度显著降低。在记录加热器疏水出口温度之前，每步增量应保持 5min 或直到疏水温度稳定。然后计算下端差并绘制成与水位相关的曲线。重复此过程，直到随着疏水出口温度的快速增加，下端差表现出急剧上升的转折。

相反，如果在开始测试之前下端差明显较低，则采取相反的方法，同样绘制"下端差与加热器水位"曲线。

找出曲线的"膝盖拐点"，并加入适当的水位安全系数（30～50mm），以确定优化后的水位设定值。

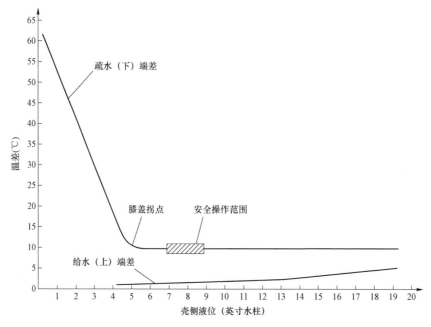

图 3-3 端差变化情况示意图

试验计算相关公式

$$TTD = t_b - t_2 \tag{3-2}$$

式中　TTD——给水（上）端差，℃；

　　　t_b——加热器进汽压力下的饱和温度，℃；

　　　t_2——加热器出水温度，℃。

$$DCA = t_s - t_1 \tag{3-3}$$

式中　　DCA ——疏水（下）端差，℃；

$\qquad\quad t_s$ ——加热器疏水温度，℃；

$\qquad\quad t_1$ ——加热器进水温度，℃。

6. 滑压曲线优化

大型火电机组的调峰能力受到机组安全性和经济性的影响，尤其在深度调峰工况下，汽轮机主要参数偏离额定工况时，调节级效率显著降低，汽轮机整机率下降，汽轮机组煤耗、热耗上升特别大。因此，对机组的滑压运行方式进行优化，选择最佳的主汽初参数，使调节级效率提高，进而提高经济性、降低整机煤耗就显得非常重要。

机组的热耗与许多运行参数有关，可以用下式表示：

$$q = f(P_1, T_1, p_c, t, P_2, T_2 \cdots) \tag{3-4}$$

式中　　q ——机组热耗率，kJ/kg；

$\qquad\quad P_1$ ——主汽压力，MPa；

$\qquad\quad T_1$ ——主汽温度，℃；

$\qquad\quad P_2$ ——再热蒸汽压力，MPa；

$\qquad\quad T_2$ ——再热蒸汽温度，℃；

$\qquad\quad p_c$ ——机组排汽压力，kPa；

$\qquad\quad t$ ——主给水温度，℃。

明确对机组热耗产生影响的参数后，根据本项目的实际情况，选定 4~5 个负荷工况点，每个工况点选择 3~4 组不同的主蒸汽压力（此时主汽温度、再热蒸汽温度、机组排汽压力、主给水温度等其他影响热耗的参数保持不变）进行热力性能试验，利用采集到数据进行计算。通过以上计算，可以得到进汽初参数（主蒸汽压力）对汽轮机组热耗以及高压缸效率的影响，得到了机组滑压运行时，在不同工况点下的最优主蒸汽压力。

通过比对同一负荷点下不同的主蒸汽压力所对应的热耗率和高压缸效率，最终绘制汽轮机组滑压运行曲线并通过拟合获得滑压运行指导曲线。

在实际生产中选用新的滑压曲线，与原始曲线的数据进行比较，对比后得到不同负荷下机组煤耗率具体降低量，为机组经济性提高程度进行评估。

7. 启动方式优化

近年来，超超临界机组汽轮机厂家提供的冷态冲转参数和锅炉厂家的启动参数往往不匹配，主要表现在主汽温度和再热汽温度都难以控制在汽轮机冲车要求的范围之内。机组在设计过程中应充分考虑汽轮机、锅炉启动参数的匹配问题。

运行过程中应注意以下几个方面：

（1）在确保锅炉安全运行的前提下，维持较低的给水流量，尽量提升给水温度，增加启动初期的产汽量。

（2）优化汽轮机启动曲线，适当降低冲转压力。

（3）优化燃烧调整，控制火焰中心及炉膛出口烟气温度。

（4）控制合理的过量空气系数。

（5）依照哈汽厂推荐的机组启动曲线，汽机冷态启动的冲转参数和超超临界直流锅炉的特点。与厂家进行协商，兼顾锅炉和汽轮机启动要求，修改冷态启动参数。保证机组冷态启动的顺利进行，缩短时间。

8. 降低氢气泄漏量

分系统调试时密切关注发电机风压试验情况，机组充氢启动后，重点关注氢气干燥器、氢湿度仪、氢纯度仪、氢气排污阀、事故排氢阀等处的泄漏，确保密封油差压阀能维持油氢差压在正常范围内。

9. 提高通流部分效率

汽轮机通流部分动静间隙大，通流部分结垢，汽轮机老化，加装高、中亚蒸汽临时滤网，中压缸进汽处的冷却流量比设计值偏大等都会对汽轮机通流部分效率产生影响，从而降低经济性。

通流部分的动静间隙偏大，造成级间漏汽量增大，级后压力、温度升高，熵增增大，有效焓降减小。特别是反动式汽轮机由于叶顶处的压降较大（与冲动式相比），径向汽封间隙稍有增加，就会造成级效率损失明显增大。

通流部分参数由于动静叶加工和安装的原因与设计值偏差较大（喷嘴出汽角 α_1、动叶出汽角 β_2、根部反动度、动静叶光洁度等），使级速比偏离原设计最佳速比值，各级效率低于设计值，造成通流效率下降。这一现象在当今制造业中时常发生。

通流部分结垢与蒸汽品质有直接关系。对于反动式汽轮机，结垢同时发生在喷嘴和动叶上，使动静叶表面粗糙度增大，通流面积减小，焓降重新分配，导致级效率下降，因此在运行中要确保蒸汽品质，减少通流部分结垢。

机组投运后适当时间内要检查、清理高、中压进汽临时滤网。在国外，曾有这样的事故：临时滤网上长时间附着了太多杂质和异物，使得滤网通流面积大大减少，压损增大，最后滤网被"压"碎，碎片进入汽轮机。为坚决避免这类事故，应在制造厂规定的时间内拆除临时滤网。

10. 主、再热参数的优化

根据热力学原理，提高主、再热蒸汽参数可大大提高朗肯循环的热效率，因此在运行过程中应保证主、再热蒸汽参数在设计值，尽量减少过热与再热减温水量。

根据资料，660MW 机组主汽温度偏离设计值 1℃影响供电煤耗0.086g/kWh，再热汽温偏离设计值1℃影响供电煤耗0.0573g/kWh，主蒸汽减温水量每增加 10t/h 影响供电煤耗 0.28g/kWh，再热减温水量每增加 10t/h 影响供电煤耗 1.05g/kWh。

锅炉与汽轮机之间的蒸汽管道与通往各用汽点的支管及其附件称为发电厂主蒸汽系统，对于再热式机组还包括再热蒸汽管道。再热蒸汽系统可分为冷再热蒸汽系统以及热再热蒸汽系统。

对于大容量超超临界机组，其主蒸汽和高温再热蒸汽管道将比常规超临界机组面临更高压力和更高温度的考验。主蒸汽温度和压力的提高对关键部件的抗蠕变、疲劳、高温氧化与腐蚀等性能都提出了更苛刻的要求，且高温蠕变强度必须满足由于管道热膨胀而引起的热应力的要求。同时，还要求管道材料的热膨胀系数比较小且导热率较大，从而能够降低管道内的热应力水平。

11. 汽机高位布置对主、再热管道系统的影响

汽机高位布置使得主、再热系统管道流程缩短，流程阻力减小进而提高

了蒸汽的做功能力，散热损失减少，机组效率有所提高。

超超临界机组所配锅炉为直流炉，相对亚临界锅炉的储能比较小。汽机高位布置使得管道容积进一步减小，锅炉储能进一步下降。锅炉运行调整的迟延和惯性减弱，锅炉参数变化更快，但主、再热蒸汽参数调整的不稳定性对汽轮机的影响更加直接，对机组的安全、稳定运行也造成一定影响。

针对以上一系列问题，拟采取以下措施：

（1）当外界负荷变动时，机组主、再热参数变化快速。因此在调试过程中，要认真检验自动调节系统的灵敏性和可靠性，使之能做出快速准确的调整。直流锅炉—汽机是复杂的多输入、多输出的被控对象，燃料量、给水量、汽机调门开度的任一变化均会影响机组负荷、主汽温度、主汽压力的变化，而且燃料、汽机调门的变化又会影响到给水流量的变化，其中的影响媒介就是主汽压力的变化，因此，对于直流炉机组的协调控制系统来说，主汽压力控制非常重要。

（2）直流锅炉是汽—水一次性循环，汽—水没有固定的分界点，它随着燃料、给水流量以及汽机调门的变化而前移或者后移，而汽—水分界点的移动直接影响汽—水流程中加热段、蒸发段和过热段的长度，影响主蒸汽的温度，并导致主汽压力、负荷的变化。因此，要控制好中间点温度，即水冷壁出口汽水分离器中工质的温度。

（3）燃烧调整、负荷变化严格按照规程操作步骤进行，避免参数变化过快，超出允许限值。运行中，保证合理化的水煤比，这是超超临界直流锅炉稳定燃烧的关键。当机组处于稳定运行状态时，要重点监视汽水分离器出口过热度的变化，而且压力不同则汽水分离器出口过热度就会不同。汽水分离器出口过热度减小，则说明水煤比较大；汽水分离器出口过热度增大，则说明水煤比变小。运行人员在操作过程中不断积累汽水分离器出口过热度变化对主汽温影响大小的经验数值，通过分析和总结可以在调节过程中做到超前调节。但是如果机组出现异常情况时，如给煤机、磨煤机跳闸等，应及时减小给水，保持水煤比基本稳定，防止水煤比严重失调，造成主蒸汽温度急剧下降。

（4）通过细化调节参数，提高锅炉主、再热蒸汽参数调节的稳定性，降低汽轮机运行的不稳定性。确保过、再热器壁温测点全覆盖监控，以及壁温最高点优先报警。保证对每根管实时进行安全监视，防止因漏检管屏而发生运行超温爆管。同时，应该确保壁温最高点优先报警逻辑判断程序正常工作，实现全断面壁温监视及最高点优先报警功能，跟踪、分析机组过、再热器壁温的变化趋势。

（5）结合机组负荷、炉膛出口烟气温度、减温水投用量和受热面壁温等实际运行状况，吹灰器进行选择性投运，保持各受热面清洁。

四、直接空冷系统的优化

一般来说，对经济性影响最大的分系统就是直接空冷系统，由于其受环境影响极大，且影响的季节性强，内容相对复杂，故单独列为一节内容。

1. 空冷岛散热片清洗

直接空冷系统夏季低真空问题是影响机组安全经济运行的主要问题。从目前投用的多台 300～1000MW 机组的实际运行情况看，在环境温度大于 30℃的情况下，机组的满发背压经常超过 40kPa，某些机组满发背压达 45kPa 以上，且不同程度地存在低真空限负荷问题。在这种情况下，一旦出现如大风天气及热风回流等不利的情况，极易造成背压保护动作机组掉闸问题的出现。这样，不但给机组安全运行带来严重的威胁，同时也直接影响到电网的安全经济运行。

空冷散热片表面的洁净程度对背压的影响非常大，某电厂 2 号机组在并网带负荷前对所有空冷散热片表面进行了彻底的高压水清洗，满负荷运行工况下，2 号机组背压较 1 号机组低近 12kPa，可见散热片清洗影响机组能否安全经济运行。

鉴于此，机组在整套启动前，清洗系统便安装调试完毕，带大负荷之前将空冷凝汽器彻底冲洗干净，尽量提高空冷凝汽器的换热能力。

2. 空冷风机超频试验

由于机组背压升高会导致凝结水温度升高，可能会超出精处理的进口温度限制，造成精处理混床部分退出，影响汽水品质。在极端环境温度下，为了避免这一现象发生，可将空冷风机超频运行以降低背压。机组负荷维持在660MW，将所有空冷风机超频至55Hz，并观察记录背压的变化值。机组稳定运行2h，若空冷风机线圈温度和润滑油温未到报警值，空冷风机电流虽显著增长，但未明显超出额定电流。这说明空冷风机具备超频运行条件，能够有效降低背压。

3. 直接空冷系统的运行优化

直接空冷系统运行时背压高、背压随季节与昼夜变化幅度大、夏季经常不能满发是空冷机组面临的主要问题之一，其冬季又面临极大的防冻压力。直接空冷凝汽器主要参数如表3-15所示。针对这些问题，结合机组设备的实际情况，建议将直接空冷风机变频调速技术与凝汽器冷却单元独立控制相结合，可根据机组负荷与环境温度的变化灵活调整风机的送风量而控制背压，在保证机组安全性的前提下获得最优的经济性，这是解决以上问题的极为有效的方法。

表3-15　　直接空冷凝汽器主要参数表（单台660MW机组）

序号	项目	主要参数	
		顺流	逆流
1	管束		
1.1	型号	单排管	单排管
1.2	管束尺寸（mm）	9770×2378/9770×1392	9770×2378
1.3	数量（个）	528/16	96
1.4	基管横截面尺寸（mm）	220×20	220×20
1.5	基管壁厚（mm）	1.52	1.52
1.6	翅片管外形尺寸（mm）	220×58	220×58
1.7	翅片厚度（mm）	0.25	0.25
1.8	翅片间距（mm）	2.3	2.3
1.9	翅片管/翅片材质	单面覆铝板/铝翅片	单面覆铝板/铝翅片
1.10	翅片管排数（排）	1	1
1.11	翅片管总散热面积（m²）	1697913	303331

续表

序号	项目	主要参数	
		顺流	逆流
1.12	翅化比（散热面积/迎风面积）	136	136
2	A 型冷却单元段（每台风机对应一个冷却段）		
2.1	迎风面面积（m²）	229.92	229.92
2.2	空气迎风面流速（对应 TMCR 工况）(m/s)	2.21	2.21
2.3	空气通过迎风面质量流速（对应 TMCR 工况）[kg/（m² · s）]	2.35	2.35
2.4	散热系数 [W/（m² · K）]	～28.8	～28.2
2.5	每个冷却段尺寸（mm）	11390×11770	11390×11770
2.6	A 型夹角（°）	～60	～60
2.7	每个冷却段重量（t）	～101.3	～101.3
3	风机		
3.1	型号	设计阶段提供	设计阶段提供
3.2	风机台数（台）	48	16
3.3	风机转数（r/min）	～71	～71
3.4	风机风量（对应 TMCR 工况）(m³/s)	507	507
3.5	风机工作全压（Pa）	114.6	114.6
3.5.1	其中：空气入口处（Pa）	9.7	9.7
3.5.2	其中：风机防护网（Pa）	2.5	2.5
3.5.3	其中：风机桥架（Pa）	12.5	12.5
3.5.4	其中：管束入口（Pa）	1.0	1.0
3.5.5	其中：管束（Pa）	64.0	64.0
3.5.6	其中：管束出口（Pa）	0.4	0.4
3.6	风机轴功率（对应 TMCR 工况）(kW)	76.11	76.11
3.7	电动机功率（kW）	110	110
4	传动效率	0.97	0.97
5	电动机		
5.1	型号	设计阶段提供	设计阶段提供
5.2	铭牌功率（kW）	110	110
5.3	效率	94.5%	94.5%
6	空冷凝汽器及排汽管道		
6.1	空冷凝汽器总散热面积（m²）	2001244	

续表

序号	项目	主要参数	
		顺流	逆流
6.2	空冷凝汽器总重量（t）	2208	
6.3	排汽总管直径/壁厚（mm）	8850/20	
6.4	排汽侧总压降（TMCR）（Pa）		
6.4.1	其中：排汽总管压降（Pa）	1560	
6.4.2	其中：上升排汽支管压降（Pa）	450	
6.4.3	其中：蒸汽分配管压降（Pa）	225	
6.4.4	其中：顺流管束压降（Pa）	894	
6.4.5	其中：逆流管束压降（Pa）	605	
6.4.6	排汽导汽管隔离蝶阀（若需要）（Pa）	110	

下面从两个方面进行分析，即非冬季工况（不存在防冻压力）优化运行和冬季工况（存在防冻压力）优化运行。

（1）非冬季工况优化运行。

机组处于冬季工况运行，即环境温度不低于2℃的工况。在此类工况下运行，机组不必考虑防冻问题，更多需要考虑的是可根据机组负荷与环境温度的变化灵活调整风机的送风量，而控制机组背压维持在最合理的值。

1）优化的依据的性能参数。

优化需参照供货方提供的性能参数。直接空冷系统的性能参数见表3-16。

表3-16　　　汽轮机夏季高温气象条件工况空冷系统背压值

序号	项目	设计环境温度（℃）					
		31	31	31	31	31	31
1	设计大气压力（hpa）	897.2					
2	设计环境风速（m/s）	4	6	9	4	6	9
3	风机停运情况	4台停运	4台停运	4台停运	0	0	0
4	运行风机转速：与额定转速比	100%	100%	100%	100%	100%	100%
5	汽轮机排汽量（t/h）	1072.36	1072.36	1072.36	1072.36	1072.36	1072.36
6	汽轮机排汽焓（kJ/kg）	2562.8	2562.8	2562.8	2562.8	2562.8	2562.8
7	小机排汽量（t/h）	123.55	123.55	123.55	123.55	123.55	123.55

续表

序号	项目	设计环境温度（℃）					
		31	31	31	31	31	31
8	小机排汽焓（kJ/kg）	2594.6	2594.6	2594.6	2594.6	2594.6	2594.6
9	汽轮机排汽口处背压（kPa）	24.6	25.7	29	23	24	26.6
10	空冷凝汽器散热面积（m²）	2001244	2001244	2001244	2001244	2001244	2001244
11	迎风面风速（m/s）	2.21	2.11	1.86	2.21	2.11	1.86
12	单台运行风机消耗功率（kW）	79.5	78.0	68.7	79.5	78.0	68.7
13	计算散热量（MW）	762.5	761.2	757.4	764.6	763.3	760.1
14	凝结水温度：凝结水箱入口处（℃）	64.6	65.6	68.3	61.9	63.0	65.5
15	过冷度（℃）	1.1	1.1	0.8	1.2	1.1	0.9

TRL、TMCR工况空冷凝汽器性能曲线如图3-4和图3-5所示。

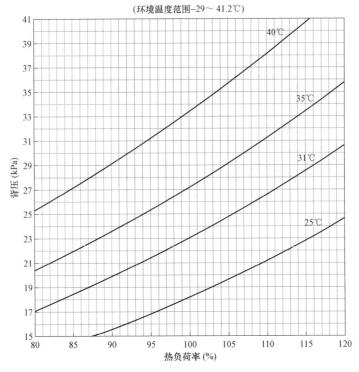

图3-4　TRL工况空冷凝汽器性能曲线

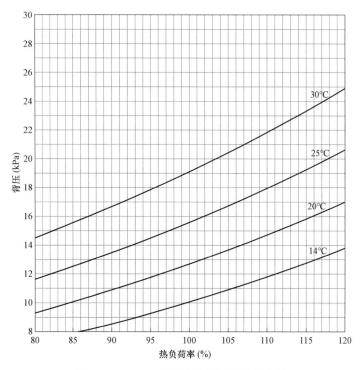

图 3-5 TMCR 工况空冷凝汽器性能曲线

2）优化计算的方法与过程。

优化计算方法是根据本系统的运行特性和换热机理得出的，其过程是由分析各个子因素进而汇总得出最终的综合影响。

空冷风机的性能。调整风机的转速可以改变冷空气流量进而影响冷却单元内蒸汽压力，同时也会改变风机所消耗的功率。风机变转速后其流量、耗功与转速的关系为：

$$\frac{D_1}{D_2} = \frac{n_1}{n_2} \qquad (3-5)$$

$$\frac{D_1}{D_2} = \left(\frac{P_{f1}}{P_{f2}}\right) \qquad (3-6)$$

式中　D_1、D_2 ——分别为额定工况与变工况下的风机风量，m^3/s；

　　　　n_1、n_2 ——分别为额定工况与变工况下的风机转速，r/min；

　　　　P_{f1}、P_{f2} ——分别为额定工况与变工况下的风机耗功，kW。

空冷凝汽器的性能。空冷凝汽器的每个冷却单元均为单流程表面式换热器，可以采用换热器计算的效能——传热单元数法来分析其变工况下的传热性能。

$$\varepsilon = \frac{t_{a2} - t_{a1}}{t_{s1} - t_{a1}} \tag{3-7}$$

式中　t_{a2}——冷空气出口温度，℃；

　　　ε——传热效能数；

　　　t_{s1}——凝结水饱和温度。

根据空气侧与蒸汽侧的能量平衡关系，则：

$$D_{c1}r = D_{a1}C_{pa1}\rho(t_{a2} - t_{a1}) \tag{3-8}$$

由于汽轮机的排汽在凝汽器中发生了相变的特点，则有：

$$NTU = \frac{kA}{D_{a1}C_{pa1}\rho} \tag{3-9}$$

$$\varepsilon = 1 - \exp(-NTU) \tag{3-10}$$

凝结水饱和温度可以用下式表示：

$$t_{s1} = \frac{n_1 D_{c1}r}{D_{a1}n_2 C_{pa1}\rho}\frac{1}{1-\exp(-NTU)} + t_{a1} \tag{3-11}$$

式中　D_{c1}——分配至冷却单元的蒸汽量，kg/s；

　　　r——汽轮机排汽的汽化潜热，kJ/kg；

　　　D_{a1}——风机风量，m³/s；

　　　C_{pa1}——冷空气定压比热容，kJ/（kg·℃）；

　　　ρ——冷空气密度，kg/m³；

　　　t_{a1}——冷空气入口温度，℃；

　　　A——空冷岛有效换热面积，m²；

　　　k——空冷凝汽器换热系数，kW/（m²·K）。

考虑排汽管道压力损失与水蒸汽柱压差后，得到对应的机组背压分量表达式：

$$p_{c1} = \Delta p_1 + \Delta p_2 + 0.981 \left[\frac{\dfrac{n_1 D_{c1} r}{D_1 n_2 C_{pa1} \rho} \dfrac{1}{1 - \exp(-NTU)} + t_{a1} + 100}{57.66} \right]^{7.46}$$

（3-12）

式中　Δp_1——排汽管道压力损失，kPa；

　　　Δp_2——水蒸汽柱引起的压差，kPa。

背压变化对机组做功能力的影响。背压变化对机组做功能力的影响，既可以参照汽轮机厂家提供的修正曲线得出，也可以通过下式计算：

$$\Delta P_e = D_0 (\Delta H_{01} - \Delta H_{02}) \eta_m \eta_g / 3.6 \qquad （3-13）$$

式中　ΔP_e——机组功率的变化量，kW；

　　　D_0——主蒸汽流量，kg/s；

　　　ΔH_{01}——背压改变对排汽焓的影响造成的出力变化，kJ/kg；

　　　ΔH_{02}——背压改变对凝结水温度的影响成的出力变化，kJ/kg；

　　　η_m、η_g——分别为发电机效率和机械效率。

综合各项影响并进行优化。风机以最优转速运行时，机组功率增量与风机耗电量之间的差值达最大且机组热耗最低，获得最大收益。因此以收益最大为目标函数，通过寻优确定不同的冷却单元热负荷与环境温度下的风机转速的最优值。目标函数可以表示为：

$$\max \Delta P = \Delta P_e - P_{fz}$$

$$= D_0 (\Delta H_{01} - \Delta H_{02}) \eta_m \eta_g / 3.6 - P_{f1} \left(\frac{n_2}{n_1} \right)^3 \qquad （3-14）$$

$$= D_0 (f_1(n_2, t_{a1}) - f_2(n_2, t_{a1})) \eta_m \eta_g / 3.6 - P_{f1} \left(\frac{n_2}{n_1} \right)^3$$

限制条件：

$$t_{\min} \leqslant t_{a1} \leqslant t_{\max}$$
$$t_{\min} \leqslant t_{a1} \leqslant t_{\max} \qquad （3-15）$$

式中　ΔP——收益，kW；

　　$t_{\min}$、$t_{\max}$——分别为温度 t_{a1} 的上下限，℃；

$n_{\min}$、$n_{\max}$ ——分别为风机转速的上下限，r/min。

（2）冬季工况优化运行。

机组处于冬季工况运行，即环境温度不高于 2℃ 的工况。首先，出于防冻的考虑，直接空冷系统的供货方提供了在不同的环境温度下，方案机组启动时所需要的最小防冻流量或热量，及与环境温度相对应的最小流量下允许的运行时间，按装设和不装设隔离阀两种情况，见表 3-17。

表 3-17　　　　汽轮机冬季冷态起动时，ACC 最小需要的
热负荷和气温的关系表

| 气温（℃） | ACC 最小热负荷（MW） | | | | | | 达到最小热负荷时允许的运行时间（h） |
| | 不装隔离阀 | | 装隔离阀 2 只 | | 装隔离阀 4 只 | | |
	最小防冻热量（MW）	最小防冻流量（t/h）	最小防冻热量（MW）	最小防冻流量（t/h）	最小防冻热量（MW）	最小防冻流量（t/h）	
0	121.1	202.2	90.8	151.6	60.5	101.1	2
−5	154.4	257.8	115.8	193.3	77.2	128.9	2
−10	194.2	324.4	145.7	243.3	97.1	162.2	2
−15	241.8	403.8	181.3	302.8	120.9	201.9	2
−20	298.2	498.0	223.7	373.5	149.1	249.0	2
−25	365.0	609.5	273.8	457.2	182.5	304.8	2
−29	427.0	713.1	320.3	534.8	213.5	356.5	2

其防冻措施要求：

1）在冬季启动时，先启动顺流风机、再启动逆流风机；冬季停止时，先停止逆流风机、再停止顺流风机。

2）在下联箱凝结水收集管凝结水温度偏低的情况下，将对应列的顺流风机减速或停止；在逆流管束抽汽口温度偏低的情况下，将对应列的逆流风机减速或停止。

3）在环境温度低时，逆流风机顺序执行运行、停止、反转、停止、运行的循环，各列按顺序周期执行。

4）运行状态中的风机转速不低于 15Hz。暂定，与厂家讨论后，风机转速可能允许进一步降低。

5）每列空冷凝汽器左、右侧凝结水收集管中的凝结水平均温度大于 35℃。

6）汽轮机背压至少高于其阻塞背压值 2kPa。背压低于阻塞背压，汽轮机末级叶片会形成紊乱的汽流，可能造成汽轮机振动增大，不利于安全。

增加以上边界条件后，其优化方法与非冬季工况的优化方法一致，这里不再赘述。

4. 空冷岛运行优化的试验验证

在机组 168h 试验完成后，视情况进行机组空冷岛的运行方式优化的验证试验。根据现场试验的结果，验证理论计算结果中得到的空冷岛最优运行方式与负荷变化的关系曲线的正确性，即在同一环境温度下，随机组负荷增大，空冷岛的最佳控制转速与机组的最佳控制背压也逐渐增大，但背压的变化呈现出非线性的特征。

现场试验中与理论计算较大的差别在于，现场空冷岛存在一定的脏污程度，与理论的假定值并不一定一致。现场空冷岛性能优化试验中，很难控制环境温度在某一恒定值，一般在试验期间改变风机转速时，在试验时间段内，环境温度均会发生一定变化，从而对试验结果准确度产生影响。

实际运行中，更多采用理论计算出的空冷岛运行优化控制曲线进行控制。

五、通过性能试验对机组经济性进行优化

各项性能试验是机组调试期的重要内容，考核机组各项指标是否达标，特别是经济性指标，这些项目对机组经济性的优化工作所起的作用是不言而喻的。

1. 性能试验中的项目

（1）汽轮机真空严密性试验，以确定机组真空状况和其他试验项目能否进行。

（2）汽轮机在不同真空下的热耗率，以确定真空变化对机组经济性的影响，校核厂家提供修正曲线。

（3）汽轮机焓降试验，以确定汽轮机在机组投产后的高、中压缸内效率。

（4）汽轮机热力系统流量平衡试验，以确定热力系统的严密性。

（5）热耗率预备性试验，全面测定汽轮机及其热力系统参数，以检验设备性能、系统参数、试验仪器是否符合正式试验要求，并培训试验人员。

（6）汽轮机热耗率特性试验（THA、TMCR、VWO、70%ECR、50%ECR工况），以确定机组在额定负荷、最大负荷及部分负荷下的热耗率。

（7）汽轮机出力试验（高背压、TMCR、VWO、高压加热器解列工况），以确定机组在夏季工况和高压加热器解列条件下是否能够满足额定出力，在额定条件下是否能够满足最大连续出力和最大出力。

（8）机组供电煤耗率测试（100%ECR、70%ECR、50%ECR工况），测试机组厂用电率、锅炉效率、机组热耗，以确定机组发电煤耗和供电煤耗。

（9）给水泵性能试验，测试给水泵在不同工况下的流量、扬程、轴功率、效率、单耗等性能指标，优化效率曲线，使泵处在最优工况运行。

（10）凝结水泵性能试验（100%、80%、50%、40%负荷工况），测试凝结水泵在不同工况下的流量、扬程、轴功率、效率、单耗等性能指标，优化泵的效率曲线。

（11）ACC性能试验，以确定空冷岛是否满足设计要求。机组滑压运行试验，以确定机组最佳滑压运行点以及滑压运行曲线。

2. 对影响机组经济性的因素进行定量分析和评价，确定机组节能潜力

测试完成后，首先对各项综合指标进行计算和分析，对影响热耗、煤耗、效率的各项因素进行定量分析、计算、评估，通常影响机组煤耗的因素包括机组热耗、厂用电率、锅炉效率，而影响机组热耗的因素又有很多，比如汽轮机初终参数、热力系统中的各加热器端差、抽汽管道压损、给水泵焓升、给水温度、补水率、过热减温水流量、再热减温水流量、高中低压缸内效率等；影响厂用电率的因素包括汽轮机各辅机运行效率、空冷岛性能、锅炉各辅机运行效率、脱硫及除尘设备运行效率、全厂公用设备运

行效率。

通过定量分析计算，得出如下因素对机组煤耗的影响比例：

（1）各加热器上端差、下端差对机组运行经济性影响。

（2）各抽汽管道压损对机组经济性影响。

（3）给水泵焓升对机组运行经济性影响。

（4）给水温度对机组经济性影响。

（5）过热减温水流量对机组经济性影响。

（6）再热减温水流量对机组经济性影响。

（7）主汽温度对机组经济性影响。

（8）主汽压力对机组经济性影响。

（9）再热温度对机组经济性影响。

（10）再热压损对机组经济性影响。

（11）真空对机组经济性影响。

（12）高压缸效率对机组经济性影响。

（13）中压缸效率对机组经济性影响。

（14）低压缸效率对机组经济性影响。

（15）厂用电率对机组经济性影响。

在对上述因素进行定量分析后，给出影响煤耗偏差的具体数据，进而确定机组可以达到的最佳煤耗水平。

第六节　自启停控制系统深度调试技术方案

随着我国越来越多的高参数、大容量超超临界机组的投运，并已逐步成为国内电力系统的主导机组。该类型机组设备数量多，运行参数高，被控参数耦合特性复杂，工艺系统关联性趋于更加紧密，运行工况转变更为快速。使得操作准确性难以把握，风险性大幅度提高，甚至危及设备安全和使用寿命，导致机组启停时间变长，还增加了能耗和污染物的排放。因此机组自启停控制系统（APS）的实现成为火电厂自动化控制技术发展的一个趋势。

APS 系统是实现机组启动和停止过程自动化的控制和管理系统，其具有以下的优点：

（1）提高机组的控制和自动化水平。机组自启停控制是一种先进的控制理念，它涉及多种复杂控制策略。APS 对电厂的控制是通过电厂底层控制系统与上层控制逻辑共同实现的。在没有投入 APS 的情况下，常规控制系统独立于 APS 系统实现对机组的控制；在 APS 投入时，由常规控制系统执行 APS 系统的控制策略，实现对机组的自动启/停控制。它将模拟量控制和顺序控制等各个系统整合起来，共同完成设备启停任务。为了实现机组自启停控制，就必须实现风烟系统的全程自动、给水系统的全程自动、燃料的自动增减、燃烧器负荷全程控制、主蒸汽压力全程控制及主蒸汽温度的全程控制。这些控制策略的实施和应用，从本质上提高了机组整体的自动化控制水平和运行效率。

（2）提高电厂的管理水平和经济效益。机组自启停控制系统实质上是对电厂运行规程的程序化，它的应用保证了机组主、辅机设备的启停过程严格遵守运行规程，减少运行人员的误操作，增强设备运行的安全性。机组自启停控制系统的设计研发过程，既是对主设备运行规范优化的过程，也是对控制系统优化的过程。APS 系统的设计和应用不但要求自动控制策略要更加完善和成熟，机组运行参数及工艺准确翔实，而且对设备的管理水平也提出了更高的要求。优化的控制策略，不仅缩短了机组启动和停止的时间，同时也降低了启停过程中的煤耗，提高了机组运行的经济效益。

（3）具有广泛的推广和应用价值。机组自启停控制系统的设计研究和应用提高了机组的自动控制水平，丰富了热工自动控制的内容，对热工控制先进理论的应用和研究起到了积极的推动作用。同时在大型超超临界机组自启停控制系统设计和调试中，积累的经验对其他同类型机组自启停控制系统的设计和调试具有重要的参考价值。

一、系统设备概述

每台机组设 1 套分散控制系统（DCS），并设置 DCS 公用控制网络。DCS

的主要功能包括数据采集、模拟量控制、顺序控制和锅炉炉膛安全监控。旁路系统、空冷系统、吹灰系统、除渣系统、等离子点火系统、辅机冷却水系统等的控制纳入机组 DCS。电气公用设备、空压机等的控制纳入 DCS 公用控制网络。辅助车间控制系统采用 1 套独立的 DCS（辅控 DCS）。辅控 DCS 监控范围包括锅炉补给水处理系统、凝结水精处理系统、汽水取样和化学加药系统、生活污水处理系统、除灰系统等。

二、APS 系统总述

机组自启停控制系统（Automatic Procedure Start-up/Shut-down，APS）是机组自动启动和停运的信息控制中心，它按规定好的程序发出各个设备/系统的启动或停运命令，并由以下系统协调完成：模拟量自动调节控制系统（MCS）、协调控制系统（CCS）、锅炉炉膛安全监视系统（FSSS）、汽轮机数字电液调节系统（DEH）、锅炉汽机顺序控制系统（SCS）、给水全程控制系统、燃烧器负荷程控系统及其他控制系统（如 ECS 电气控制系统、AVR 电压自动调节系统等），最终实现发电机组的自动启动或自动停运。

APS 系统是一个机组级的控制系统，充分考虑机组启停运行特性、主辅设备运行状态和工艺系统过程参数，并通过相关的逻辑发出对其他顺控功能组、FSSS、MCS、汽机控制系统、旁路控制系统等的控制指令来完成机组的自启停控制。

控制系统在每个断点显示应进行的操作提示，并允许运行人员从操作员站上中断或终止自启停程序。

机组自启停程序在执行过程中，一旦出现故障或错误，程序应自动中断，根据故障或错误点类型退回到机组安全状态，顺控程序切换到功能组级，同时，造成中断的原因应在 DCS 画面上显示。

机组自启停程序的执行情况、设备启停状态和每一步序的正常/异常状态均在 DCS 操作画面上显示，已执行、未执行和正在执行的断点状态也应在画面上显示。

APS 功能包括机组自动启动与自动停止。汽机自动启动方式默认为采用高、中压缸启动方式，APS 启动有冷态、温态、热态和极热态 4 种启动方式，对于汽机来说，由高压缸调节级处内缸壁温度来确定（根据 DEH 的设计来定）：

（1）冷态：高压缸调节级处内缸壁温度小于 320℃；

（2）温态：320℃不大于高压缸调节级处内缸壁温度小于 420℃；

（3）热态：420℃不大于高压缸调节级处内缸壁温度小于 445℃；

（4）极热态：高压缸调节级处内缸壁温度不小于 445℃。

区分四种方式主要在于汽轮机自动开始冲转时对主蒸汽参数的要求不同，因而汽轮机冲转前锅炉升压时间不同、锅炉并网后的升负荷率不同。

对于锅炉来说，区分以上 4 种启动方式，主要由分离器入口温度和停炉时间等来决定：

（1）冷态：分离器入口温度小于 150℃，一般停炉 72h 为冷态启动。

（2）温态：150℃不大于分离器入口温度小于 240℃，一般停炉 32h 为温态启动。

（3）热态：240℃不大于分离器入口温度小于 290℃，一般停炉 8h 为热态启动。

（4）极热态：分离器入口温度不小于 290℃，一般停炉 1h 为极热态启动。

综上所述，APS 的主要功能如下：

（1）实现对各设备系统子组顺控功能组的调度工作。

（2）分为机组启动顺序控制和机组停止顺序控制两组。

（3）APS 控制系统状态控制。

（4）机组 APS 控制系统设置为按需使用，不投入时不影响机组的正常控制。

（5）采用断点的形式，将机组各种系统按机组启动或停止要求进行分类控制。

（6）具有对系统子组状态的监控功能。

（7）具有一定超驰控制能力，例如断点自动选择以及并行系统的跳步运行。

（8）每个断点顺控组具有中断及恢复功能。按设备的运行情况选择执行步序。

（9）操作员站上具有与系统控制逻辑相对应的操作画面及指导。

三、APS 系统设计框架

1. 机组级控制

机组级控制是 APS 的最上层控制，对全厂的控制系统进行管理，在这一级要选择和判断 APS 是否投入，是选择启动模式还是停止模式，选择哪个断点及判断该断点允许进行条件是否成立。如果条件成立则产生一信号使断点进行。可以直接选择最后一断点（如升负荷断点），其产生的指令会判断前面的断点是否已完成，如没有完成则先启动最前面的未完成断点，具有判断选择断点功能，从而实现机组的整机启动。APS 结构框架如图 3-6 所示。

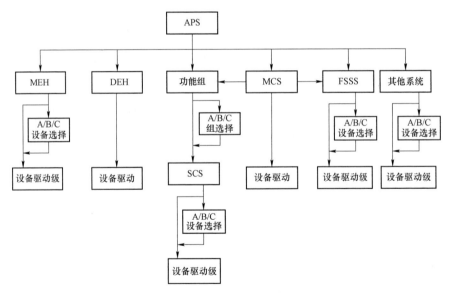

图 3-6 APS 结构框架图

每个断点逻辑设计应有输入信号和输出信号。输入信号至少应有：自动启动、操作允许条件（要设计一个预操作允许条件和一个执行条件，当两个条件都满足时，才能开始执行断点操作，在断点开始执行后，预操作条件不需要一定满足，但执行条件在整个断点执行过程中一直都需要满足，否则就

会出现断点执行中断报警）、断点开始执行、断点执行完成、断点 GO/HOLD
等，输出信号有断点执行过程中断（报警）、断点执行允许、断点执行过程中、
断点开始执行、断点执行完成等。在进行逻辑设计时，应先考虑到 APS 的操
作方式及功能设计几个典型逻辑功能图。

2. 启停功能组

每个断点就是一个启停功能组，它是 APS 构成的核心内容，每个启停功
能组都是一个大的顺序控制程序，步进程序结构分为允许条件判断（与门），
步复位条件产生（或门）及步进计时。当该断点启动命令发出而且该断点无结
束信号，则步进程序开始进行，每一步需确认条件是否成立，当该步开始进行
时同时使上一步复位。如果发生步进时间超时，则发出该断点不正常的报警。
程序启动前要先预选好本功能组内冗余设备的启动顺序，在需要时还要对一些
准备条件进行手动确认，在程序的执行过程中会根据条件自动启动相应的子功
能组，并和其他系统，如 DEH、MCS、ECS 等交换信息，按照设计好的步序
启动各个系统的设备，同时判断各种反馈条件。每个断点执行结束后都要等待
运行人员进行确认，进行进一步检查后方可执行下个断点。

3. 子功能组

子功能组的设计和传统的顺序控制系统（Sequence Control System，SCS）
类似，它可以接受运行人员手动指令或来自功能组的自动指令启动，按预设
的程序完成某一工艺子系统的启动或停止过程，并实现功能组内设备的备用
和保护功能。一个标准的顺序控制功能组可以实现自动、手动、跳步、步进、
故障复位等功能。

4. 设备驱动级

驱动级是控制系统中最底层的模块，它是自动控制系统和现场设备的桥
梁，通过驱动级控制系统才能将指令正确发送到设备，完成机组的控制。

一个典型的驱动级应包含以下功能：

（1）手动启动（开）、停止（关）设备。

（2）通过备用保护信号自动启动（开）、停止（关）设备。

（3）监视设备启动（开）、停止（关）状态和其他信息，监视故障和报警状态并作相应处理。

（4）具备设备检修挂牌功能。

（5）保护信号优先级最高。

（6）设备工作位由运行人员提前选择，工作位设备启动完成后由运行人员（或程控自动）投入另一台设备备用。

四、APS 操作画面

当选择 APS 启动时，相应的断点条件满足，点击调出操作面板，即可执行相应的断点。各断点执行的内容均在面板上显示出来，点击可进入到相应的功能子组画面。APS 启动操作画面不仅是运行操作画面，还是运行操作指导画面，APS 操作执行的过程及相应的子功能组执行过程一目了然。当 APS 执行过程中遇到故障时，操作画面能直观地显示故障出现的子功能组及相应的执行步，能立即找到故障所在的部位，以便消除故障使 APS 继续执行下去。

五、APS 系统设计

1. APS 控制的功能组

一键启停的范围为：电厂三大主机 BTG（锅炉、汽机、发变组）及与启停密切相关的系统、BOP 部分（厂房外的辅助车间：脱硫系统、脱硝系统、除灰渣系统、补给水系统、凝结水精处理系统等），都纳入 APS。与机组启动关系不紧密或者有独立控制系统的专业及系统可以不纳入 APS 管理范围，例如：输煤系统、废水处理系统、全厂汽水取样系统等。

具体来说，APS 控制功能组包括凝补水系统启动功能组、闭式循环冷却水启动功能组、汽机油系统启动功能组、润滑油顶轴油启动功能组、盘车投入功能组、定子冷却水功能组、EH 油系统启动功能组、小机润滑油启动功能组、空气预热器油系统启动功能组、引风机油站启动功能组、送风机油站启动功能组、一次风机油站启动功能组、A～F 磨煤机油站启动功能组、等离子点火冷却水泵启动功能组、除渣系统功能组、辅助蒸汽投运功能组、除氧器投运功能组、汽机本体疏水功能组、锅炉冷态冲洗功能组、脱硫启动功能组、空气预热器功能组、引风机功能组、送风机功能组、炉膛吹扫功能组、制粉系统准备功能组、等离子启动功能组、制粉系统启动功能组、空冷 ACC 程控功能组、低压加热器投入功能组、过再热减温水功能组、高压加热器投入功能组、汽机轴封系统投运功能组、真空系统启动功能组、锅炉上水程控功能组、火检冷却风机功能组、空气预热器启动功能组。

2. APS 系统断点设置

机组自启停系统的核心问题之一是断点的设计，断点设计的合理与否关系到自启停系统应用和实施的成败，APS 系统的断点设计要结合机组设备实际情况和运行人员的经验和需求，要按机组自启停的过程来设计。各断点既相互联系又相互独立，要适合机组各种的运行方式，符合电厂生产过程的工艺要求，既可给 APS 系统提供支持，实现机组的自启停控制，又可满足对各单独运行设备及过程的操作要求。

由于两台机组为 660MW 超超临界机组，APS 系统机组级的控制共设置 3 个启动断点和 3 个停止断点。

启动过程设置以下 3 个阶段。

（1）机组启动阶段一：机组辅助系统准备。

启动过程如下：

步骤一：凝补水系统启动功能组。

步骤二：闭式循环冷却水及辅机干式冷却塔系统功能组。

步骤三：空压机系统。

步骤四：汽机润滑油、顶轴油系统（DEH）（调用润滑油顶轴油启动功能子组）。

步骤五：发电机密封油系统功能组。

步骤六：主机盘车系统（DEH）（调用盘车投入功能子组）。

步骤七：同时调用。定子冷却水系统（调用定子冷却水功能子组）（确认充氢完成）、EH 油系统（DEH）（调用 EH 油系统启动功能子组）、小机润滑油系统（MEH）（调用小机润滑油启动功能子组）。

步骤八：启动空气预热器油系统、炉侧风机油站、磨煤机油站、等离子点火冷却水泵、旁路油站。油站子动能组包含空气预热器油系统启动功能子组、引风机油站启动功能子组、送风机油站启动功能子组、一次风机油站启动功能子组、A~F磨煤机油站启动功能子组、等离子点火冷却水泵启动功能子组、高低旁油站。

步骤九：除渣系统（调用除渣系统功能子组）。

步骤十：辅助蒸汽系统（调用辅助蒸汽投运功能子组）。

步骤十一：提示输灰、脱硝、电除尘加热、脱硫、湿式除尘器系统准备。

步骤十二：凝结水系统启动，凝结水排放冲洗及除氧器上水。

完成过程如下：

1）凝补水系统启动完成。

2）闭式水及辅机干式冷却塔投运完成。

3）空压机系统启动完成。

4）汽机润滑油、顶轴油系统投运完成（DEH）。

5）发电机密封油系统启动完成。

6）主机盘车系统运行（DEH）。

7）定子冷却水系统投运完成。

8）EH油系统投运完成（DEH）。

9）小机油系统启动完成（MEH）。

10）炉侧风机油站、磨煤机油站、等离子冷却水泵、旁路油站启动完成。

11）除渣系统启动完成。

12）辅助蒸汽系统投运完成。

13）提示输灰、脱硝、电除尘加热、脱硫、湿式除尘器系统已备妥。

14）凝结水系统启动完成。

15）凝结水排放冲洗及除氧器上水完成。

（2）机组启动阶段二：锅炉上水、点火、升温。

启动步骤如下：

步骤一：调用除氧器加热功能组。

步骤二：开锅炉排空门、疏水门，投入汽机本体疏水功能组（DEH）。

步骤三：调用给水静态注水程序。

步骤四：投入小机盘车（在 MEH）。

步骤五：大、小汽轮机投轴封抽真空。

步骤六：启动给水泵汽轮机（在 MEH）。

步骤七：调用锅炉上水程控（给水投自动）。

步骤八：调用锅炉冷态冲洗功能组。

步骤九：同时调用以下启动程序。

完成过程如下：

1）投火焰电视。

2）启动火检冷却风机（功能组）。

3）调用脱硫启动功能组，启动浆液循环水泵。

4）脱硝制备、电除尘加热、输灰、湿式除尘器系统投入。

步骤十：调用风烟系统启动程序（空气预热器功能组、引风机功能组、送风机功能组）。

步骤十一：调用炉膛吹扫功能组（调用 FSSS 炉膛吹扫顺控）。

步骤十二：启动制粉系统准备功能组（调用磨煤机风道建立、密封风机启动、一次风机启动）。

步骤十三：投入等离子暖风器。

步骤十四：投入空气预热器吹灰（调用子顺控）、确认电除尘投入。

步骤十五：启动 A/B 层等离子（调用等离子启动功能组）。

步骤十六：启动 A/B 制粉系统（调用 A/B 制粉系统启动功能组）。

步骤十七：待主汽压力大于 0.2MPa 关锅炉排汽，大于 0.5MPa 关锅炉过热器疏水，开汽机主蒸汽管道疏水。

步骤十八：旁路投自动。

步骤十九：投入空冷凝汽器系统（调用空冷 ACC 程控功能组）。

步骤二十：再热器压力大于 0.5MPa，关再热器疏水，关闭再热器排空；打开机侧冷/热段再热器管道疏水门。

步骤二十一：热态清洗，分离器出口至顶棚进口集箱汽水温度维持在 190℃。

步骤二十二：分离器底部水质合格（手动确认）。

步骤二十三：锅炉升温升压，疏水回收。

完成过程如下：

1）除氧器加热完成。

2）锅炉、汽机疏水/排空门已开。

3）大、小汽轮机投轴封抽真空完成。

4）汽动给水泵运行且出口门开（MEH）。

5）风烟系统启动完成。

6）第一套制粉系统运行。

7）旁路控制自动。

8）空冷系统投运。

9）主汽压力、温度参数达要求值。

10）主再热蒸汽品质确认合格。

（3）机组启动阶段三：汽机冲转、并网、升负荷。

启动步骤如下：

步骤一：启动制粉系统（第二套）。

步骤二：汽机 ATC 冲转（DEH）。

完成过程如下：

1）汽机 600rpm 时调用低压加热器投入程控。

2）汽机 3000rpm 时五抽供小机、五抽供除氧器、高压加热器抽汽暖管。

3）机组并网带初负荷（手动确认）。

步骤三：提示检查发电机参数正常（手动确认）；发电机氢气冷却器 A/B 冷却水回水调节阀投自动；发电机空侧密封油/氢侧密封油冷却器回水调节阀投自动；发电机定子冷却器冷却水回水调节阀投自动。

步骤四：调用过再热减温水顺控，开过热再热减温水隔离阀；过热器再热器减温水投自动（冷态设定温度设定值）。

步骤五：机组负荷升至 60MW，分别投入高压加热器抽汽，调用高压加热器投入程控。

步骤六：投入给水自动（PID 自动）。

步骤七：机组负荷升至 120MW，厂用电切换（手动确认）。

步骤八：机组负荷升至 180MW 给水旁路、主路切换（手动确认）。

步骤九：启动第三套制粉系统，小机升速。

步骤十：锅炉湿态转干态。

步骤十一：除氧器汽源切换，由辅汽切为五抽。

步骤十二：小机汽源切换，辅汽汽源切换。

步骤十三：负荷至 250MW，退等离子，退空气预热器吹灰。

步骤十四：启动第四套制粉系统。

步骤十五：投入脱硝系统（脱硝入口烟温大于 310℃）。

步骤十六：负荷升至 300MW，投入 CCS。

完成步骤如下：

1）灭磁开关在合闸位（需电气确认）。

2）主变压器出口断路器在合闸位（需电气确认）。

3）低压加热器抽汽投入。

4）高压加热器抽汽投入。

5）发电机汽端氢气冷却器冷却水调节阀在自动位。

6）发电机励端氢气冷却器冷却水调节阀在自动位。

7）发电机氢侧密封油冷却器冷却水调节阀在自动位。

8）发电机空侧密封油冷却器冷却水调节阀在自动位。

9）发电机定冷水冷却器冷却水调节阀在自动位。

10）至少 4 台磨煤机运行。

11）协调控制方式投入。

12）实际负荷与目标负荷偏差小于 5MW。

13）汽泵运行，并在自动位。

14）等离子装置退出。

3. 停止过程阶段设置

（1）机组停运阶段一：降负荷。

停止步骤如下：

步骤一：负荷降至 75%，停运第一套制粉系统。

步骤二：负荷降至 50%，停运第二套制粉系统，汽源切换。

步骤三：负荷降至 40%，退脱硝转入 TF 方式。

步骤四：给水主路、旁路切换。

步骤五：负荷降至 30%，投等离子，停第三台磨。

步骤六：锅炉干态转湿态。

步骤七：负荷降至 20%，停运第四台磨。

步骤八：机组降至最低负荷 15%。

完成过程如下：

1）机组负荷小于 100MW。

2）给水旁路调节阀在自动。

3）旁路在自动。

4）仅一台磨煤机运行。

（2）机组停运阶段二：机组解列。

停止步骤如下：

步骤一：降低煤量并开启旁路，负荷降至 50MW 以下。

步骤二：汽轮机打闸，发电机解列。

完成过程如下：

1）发变组出口断路器分闸位置。

2）汽机跳闸。

（3）机组停运阶段三：机组停运。

停止步骤如下：

步骤一：等离子投入时降 A 磨煤机给煤至最低。

步骤二：停最后一台磨煤机、等离子点火装置。

步骤三：停空气预热器吹灰，停炉膛吹灰脱硝吹灰，炉膛吹扫。

步骤四：启动风烟系统停运功能组。

步骤五：关闭各风机挡板，封炉；提示退出电除尘。

步骤六：停捞渣机系统。

步骤七：关闭汽机主汽门前疏水阀。

步骤八：停空冷系统。

步骤九：启动真空停运功能组。

步骤十：启动主机轴封停止程控（DEH 实现）。

步骤十一：停 EH 油系统（DEH 实现）。

步骤十二：投入盘车（DEH 实现）。

完成过程如下：

1）风烟系统停运完成。

2）捞渣机系统停运完成。

3）空冷系统停运完成。

4）真空停运完成。

5）轴封停运完成。

6）EH 油系统停运完成。

7）汽机盘车运行。

机组停运前的各项试验及操作，例如汽机油系统备用试验、对炉膛进行一次全面吹灰等由运行人员进行操作，此部分内容可作为机组投入 APS 前的检查或管理提示内容。

六、APS 系统的技术关键点及难点

APS 控制是基于 DCS 系统的数据采集系统（DAS）、模拟量控制系统（MCS）、顺序控制系统（SCS）、炉膛安全保护系统（FSSS）以及电气控制系统（ECS）和汽轮机数字电液控制系统（DEH）、小汽机控制系统（MEH）、汽轮机旁路控制系统（BPS）等，以及其他辅助系统的机组级控制系统。目前来说，主要存在以下几个关键难点影响 APS 的实现。

1. 各控制系统间的接口信号

为实现机组自动程序启停的要求，要对整个热力、电气系统的设备配置、锅炉、汽轮机等主要设备的特性等进行研究，主要包括了 APS 系统框架设计，机组级的断点设计，功能组、功能子组、设备级的程序设计以及 APS 与其他系统的接口设计，对控制方案进行优化改进，解决各级程序控制及控制系统

间联络信号等接口问题，并在机组启动过程中进行调整。

2. 与常规 MCS 设计的不同点

（1）调节回路的设定。

通常的 MCS 设计中，调节回路的设定值环节可以分为 3 种类型：一是最简单的，设定值只是由运行人员手动增减；二是设定值设计为某个参数（如负荷）的函数，同时可以由运行人员增减其偏置值；三是设定值由上一级主控制回路形成，这种情况是最复杂的，如协调主控回路中的负荷指令和压力定值，直流锅炉给水回路中的给水指令等。

在设计了 APS 功能之后，第一种类型须要改为第二种类型，甚至更复杂的第三种类型，即增设一套设定值形成回路。因为启停状态下机组可能处于完全不同的运行方式，这时就要设计不同的上级控制回路，并保证各回路之间的无扰切换和跟踪。在 APS 模式下，要另外考虑相应的控制逻辑，保证负荷和压力全程定值的自动调整。

（2）设定值速率。

MCS 控制回路的设定值速率通常都设计为一个固定值，其主要功能仅仅是要保证定值变化过程中不要对控制回路产生一个阶跃的扰动。在增加了 APS 功能后，设定值变化速率是在机组大幅度变化工况下完成最优启/停方式的主要控制手段。因此，要增加相当多的速率计算回路，以使各主要控制参数平稳地达到正常运行值，使机组减少热应力等的冲击。

（3）控制器变参数。

由于机组整个启/停过程的动态特性变化较大，并且具有较强的非线性特征。因此，采用一个固定的 PID 参数是很难满足 APS 投入时实际应用的需要。因此，采用变参数控制甚至是更为复杂的控制策略是必须的。这也就需要进行更多的计算和试验调整。

（4）设备的初始定位和超驰逻辑。

单元机组重要的 MCS 回路都会设计一套完整的设备初始定位和超驰逻辑，在回路投入自动前，将接受 FSSS 或 SCS 发出的联锁置位指令，将 MCS 输出置为安全或初始位置。增设 APS 之后，由于设备不仅仅需要设置未投入自动时的初始位，还要保证自动投入后的调节品质，以保证 APS 断点逻辑按照设计步序执行，这一部分逻辑或参数如果处理不当或过于简单，对整个 APS 的正常执行影响很大。

3. 模拟量控制系统（MCS）的全程自动化

为解决设备模拟量自动控制的全程投用，采用在启用过程中，通过相应的程控步序，切换到设备操作模块的跟踪回路，跟踪回路中使用重新设计的 PID 回路控制被调对象，因为不同的阶段设备控制的对象、目标、精确度都有可能不同，这样做既能控制设备动作的幅度与速率以及被控对象的目标位（设定值），又不影响自动回路的正常模式下的使用（不执行程控时不会跟踪到增加的控制回路）。

（1）锅炉主控自动控制的全程化。

超（超）临界机组在启动点火时，给水量、送风量控制给定都有最小流量的限制，燃料量在升温升压的过程中，需要根据锅炉的不同态（冷态、温态、热态、极热态）来给定；燃料控制全程自动主要解决锅炉启动初期升温速率控制问题等，使燃料控制能够尽早投入，使旁路迅速关闭，使锅炉主控尽快根据负荷或压力自动调节。可采用燃料量控制的指针管理，设置一定的条件，如分离器温度，炉膛烟温、主汽温度、压力、给水温度等，当到达一定的条件，燃料以一定的速率增减到某个目标，其增减速率也由定义的条件决定。

（2）燃烧自动控制。

一般在首台给煤机的启动时，是根据锅炉厂的要求由操作员或 APS 程序启动，如何根据负荷指令的增减来自动安排磨煤机系统的启动和停止，这项功能很难实现。这需要解决两个问题，一是单层煤层启/停功能组的实现，包括磨煤机冷热风挡板自动匹配控制及给煤机煤量自动控制的功能。二是煤层自动投运/停运顺序的确定，这与助燃方式和机组特性有关。对于超（超）临界机组，考虑水冷壁出口温度等情况，煤层投运顺序更要慎重选择。

（3）风烟系统的全程控制。

风烟程控自动主要解决全程自动调节的设定值等。可采用先将送、引风机全部启动，再开始拉升引风动/静叶到炉膛压力达一范围后投自动，然后再拉升送风动叶到总风量达 30%~35%后投自动,随后总风量设定值跟随锅炉主控，实现送引风机全程自动调节。同理，在制粉系统准备组级程控中的一次风机启动也可采用同样的办法。

（4）给水系统的全程控制。

给水控制系统实现全程自动控制主要解决电动给水泵程控启动、汽动给水泵程控启动、锅炉上水、自动并泵、给水旁路阀控制与汽泵转速控制的配合和切换，以及干湿态切换等问题。

1）电动给水泵的程控启动在 DCS 中实现，汽动给水泵的程控启动可采用模拟人工启动的方式，在汽泵控制系统（MEH）上的操作，通过程控步序发指令给 MEH 执行,DCS 与 MEH 采用的通信设备必须具有读写双向功能，便于 DCS 进行程控编程。

2）为解决锅炉上水、干湿态切换等问题，应设计采用增加给水主控回路的整体架构，给水流量的设定值由给水主控回路给出，干湿态设定值由不同的回路产生，启动时给水流量设定值赋予给水旁路阀，主给水阀切换后赋予汽动给水泵。采用启动时给水旁路阀控制给水流量，给水泵控制给水压力，在满足一定条件下（如给水旁路阀开度大于××、差压小于××MPa、主阀离开关位，给水流量大于××t/h 等），自动开启主给水电动门，切换到给水泵控制给水流量的正常模式。重点在于，在调试过程调整给水旁路阀与给水泵流量控制切换点，使系统能完全实现给水全程控制的无扰自动切换。

4. 其他系统的自动控制及投入

（1）高低压加热器自动投入。加热器的启动往往随汽机启动而投运，自动投运的难点在于刚启动时加热器液位难以建立，因此需要增加高压加热器暖管管路及管路电动门。

（2）主汽温、再热汽温全程自动控制。主汽温、再热汽温常规采用减温水串级控制方式，这种方式控制精度较高，调试方便，但低负荷时往往控制不好，可采用 SMITH 预估的动态前馈等先进控制方案。

（3）辅汽系统中汽源的自动切换。辅汽压力的稳定也是机组运行稳定的关键之一，辅汽系统的供汽对象有给水泵、除氧器、磨煤机暖风加热等，控制辅汽压力的设备有其他机组、冷再、五抽等，这些辅汽汽源的控制要综合考虑才能保障辅汽压力的稳定。

（4）汽轮机的自动启动（ATC）。要实现机组的 APS 启动，汽轮机控制系统能否实现汽轮机的自动启停尤为关键，我国目前的汽轮机控制系统控制方案往往由汽轮机厂家实施，因此应重点考虑汽轮机 ATC 的功能。

七、APS 调试各阶段主要工作

1．调试前期准备阶段

（1）全面了解、熟悉锅炉、汽轮机以及各辅助设备及系统，编写 APS 启/停方式的机组级各断点、功能组级、功能子组级、设备级的启动/停止试验方案。

（2）编写机组级各断点、功能组级、功能子组级、设备级的启动/停止试验的安全技术注意事项及危险源辨识、条件检查确认表、系统及设备状态检查确认卡等文件。并根据具体的实施过程，不断完善这些文件的内容。

（3）DCS 系统带电及复原工作完成后，组织人员对控制逻辑及画面进行全面的检查，包括 APS 系统、SCS 系统、FSSS 系统、MCS 系统、DEH 系统、MEH 系统、ETS 系统和 ECS 系统等，及 APS 系统与各系统间的接口信号检查。

（4）通过培训仿真机或 DCS 仿真回路，从设备级的顺控开始，逐级向上进行功能子组级、功能组级、机组级各断点，直至最上层公用逻辑画面和全程控制技术中的重点部分，边检查边进行仿真（纯仿）试验，验证逻辑设计的合理性和画面组态连接的正确性，对发现的问题及时组织相关各方召开"APS 专题会议"商讨解决。

2．实施阶段

（1）分系统调试阶段。

分系统调试阶段进行设备级及子组级功能试验，保证设备级联锁保护执行正确，符合设备运行技术和安全要求。

系统动态试运前，完成独立系统的子组级控制功能试验，确保顺序控制功能投退正常，过程控制与设备驱动不冲突。

设备及系统带介质运行后，通过实际的启动、停止过程验证子组控制合理性，确认其能够保证系统启动过程的运行状态准备和设备启动。

（2）机组吹管期间。

由于使用汽动水泵组进行吹管工作，吹管工作开始标志着锅炉开始整套启动，汽轮机除主机 DEH 相关系统外，其余系统全部完成冷态试运。在此前提下，机组吹管前，相关的系统子组控制应全部试验完毕，验收完成。

在所有子组完成试验后，机组吹管前进行子组与机组级控制的接口检查，确认相关的信号反馈以及指令通道顺畅，无逻辑冲突情况。

（3）机组整套启动阶段。

机组吹管结束后，进入机炉电联合启动阶段，此阶段进行机组 APS 启动与停止的实际功能试验。试验开始后，除常规的机组各种启动、停止方式试验，还要根据情况进行设备事故停运的 ASP 控制试验，保证机组不发生设备停运与 APS 配合不顺畅造成的事故扩大。

通过机组级的 APS 启动过程试验，优化原设计的断点、控制步序以及事故处理程序。

（4）遵循的原则。

APS 功能调试是在单体试运及单个系统试运结束后进行的，分为功能子组调试、功能组调试、断点调试、整组 APS 调试四个层次四个阶段。采用上述分层控制方式，每层的任务明确，层与层之间接口界限分明。同时，四层之间的联系密切可靠。APS 系统调试从分系统调试开始，由功能子组调试逐级向上进行。每项试验都必须严格执行安全管理制度和运行规程。

1）单体设备、阀门及测点的传动必须在 DCS 系统画面上进行，并经生产、运行单位验收。设备和阀门动作正常、状态显示正确，测点量程设置正确、逻辑运算正确、画面显示正确、误差在允许范围之内。

2）所有设备试运均必须在保护回路校验完毕，相关保护系统投入的情况下在 DCS 上启动。

3）分系统调试前必须进行安全技术交底，各系统内所含设备单体试运完成，阀门和测点验收合格。通过系统的首次启动，检查相关的测点和阀门的控制逻辑、自动调节回路是否满足 APS 系统要求。

4）设备级、功能子组级的 APS 功能试验，经纯仿试验验证逻辑合理和画面正确后，在单个设备、系统试运完成后进行。

5）功能组级、各断点级的 APS 功能试验及 APS 整组试验，在设备级和功能子组级试验完成的情况下，随分系统调试的深入，按工程重要节点和阶段逐级向上进行联合试验。

6）每项试验前，必须进行安全技术交底、危险源辨识和条件检查确认，所有系统及设备状态检查卡已执行完毕，所有影响启动的工作票已终结。

7）试验过程中应安排人员现场监护，保障人员与设备安全。如果存在故障或危及安全时应中止试验，运行人员应进行必要的人工干预。

（5）静态调试过程。

1）对压力、温度、流量、水位等信号的量程进行二次确认；对变送器进行复零校验；对流量、水位修正回路进行模拟试验；对开关的定值进行确认；对画面报警功能检查确认。

2）在各级各系统仿真（纯仿）试验的基础上，将设备打到试验位，模拟各个条件，带就地设备一起进行各级各系统的静态试验，进一步检查逻辑中条件和步序的正确性、参数设置的合理性，以及画面操作、显示、报警等功能。

（6）动态调试过程。

1）在机组分部试运、化学清洗、吹管和整套启动等阶段，根据机组运行的要求，逐步对已投运的热力系统的压力、温度、流量、水位等信号进行投运，检查其显示的正确性及报警功能是否正常。

2）在设备首次启动试运正常后，进行设备级 APS 功能试验。检查逻辑功能的合理性，及画面显示和报警的正确性。

3）在各个系统首次启动试运正常后，进行功能子组级、功能组级 APS 功能试验。检查逻辑功能的合理性，各设备的启停顺序是否满足工艺流程要求，及画面显示和报警的正确性。

4）在锅炉冷态通风试验时，实际投入烟风系统启动功能组，来加以验证 APS 系统功能。

5）按照 APS 系统方案设计，在完成各个断点内所有功能组、功能子组试验后，在满足断点试验的条件下，通过试投断点 APS 程序，校验各断点程序的可执行性及正确性。

6）在锅炉吹管阶段，联合试投机组启动准备断点和锅炉点火准备断点，验证断点联投的正确性。

7）机组按计划完成所有功能子组、功能组及断点程控试验后，安排机组"一键启动"及"一键滑停"试验，验证机组 APS 程序的实际效果。

8）自动控制系统随各个功能子组、功能组及断点试验适时投入，不断优化调节品质，保障自动控制系统符合 APS 系统的要求。

八、APS 系统调试质量标准

（1）按照 APS 系统方案设计，相应断点、功能组、功能子组按程序进行，达到相应的完成条件，满足工艺流程要求。

（2）所有设备动作正确，参数显示正常，过程量自动调节稳定平滑。

（3）除了对系统和设备进行状态检查确认，及未纳入 APS 启停功能的系统外，无其他人工干预。

（4）无人身伤害事故和设备损坏事故。

九、APS 系统调试安全风险分析

（1）APS 系统功能设计不完善，考虑不全面，存在安全隐患。

（2）APS 系统画面制作不够齐全，不能充分提供操作帮助或指导，误导运行人员。致使操作人员在应对问题时，不能及时有效处理，达不到安全高效启停的目的。

（3）APS 系统功能子组或功能组控制逻辑不合理，启停设备不成功后反复启停，造成设备异常动作，引发事故。

（4）APS 系统逻辑不正确，采用 APS 功能启停时造成现场设备启停顺序不符合工艺要求，造成设备损坏。

（5）APS 系统逻辑不正确，经修改后进行逻辑下装时引起逻辑混乱，造成设备异常动作，引起事故。

（6）其他控制系统（如 MCS、FSSS、SCS、DEH、MEH 等）与 APS 系统配合不好，造成系统启停出现混乱，引起事故。

（7）在进行 APS 系统功能试验时，其他控制系统未做好隔离措施，造成设备异常启动，引起事故。